中等职业教育国家规划教材
全国中等职业教育教材审定委员会审定

水 泵 与 水 泵 站

（农业水利技术专业）

主　编　胡晓军
责任主审　张勇传
审　稿　刘甲凡
　　　　吴　钢

中国水利水电出版社
www.waterpub.com.cn

内 容 提 要

本书为全国水利水电专业中等职业教育国家规划教材。全书共分十一章，主要内容为：水泵的类型与构造；水泵的性能；水泵工作点的确定及调节；水泵的汽蚀与安装高程；机组的选型与配套；泵站工程规划；泵站进、出水建筑物及出水管道；水泵站泵房设计；水泵站的机组安装与管理；其他排灌用泵；其他形式泵站。本书除作为农业水利技术专业教材外，还可供有关专业的技术人员学习参考。

图书在版编目（CIP）数据

水泵与水泵站/胡晓军主编 . －北京：中国水利水电出版社，2002（2021.8 重印）

中等职业教育国家规划教材

ISBN 978 - 7 - 5084 - 1336 - 5

Ⅰ . 水… Ⅱ . 胡… Ⅲ . ①水泵-专业学校-教材②泵站-专业学校-教材 Ⅳ . TV675

中国版本图书馆 CIP 数据核字（2002）第 097726 号

书　　名	中等职业教育国家规划教材 **水泵与水泵站**（农业水利技术专业）
作　　者	主编　胡晓军
出版发行	中国水利水电出版社 （北京市海淀区玉渊潭南路 1 号 D 座　100038） 网址：www. waterpub. com. cn E - mail：sales@waterpub. com. cn 电话：（010）68367658（营销中心）
经　　售	北京科水图书销售中心（零售） 电话：（010）88383994、63202643、68545874 全国各地新华书店和相关出版物销售网点
排　　版	中国水利水电出版社微机排版中心
印　　刷	天津嘉恒印务有限公司
规　　格	184mm×260mm　16 开本　8.25 印张　196 千字
版　　次	2003 年 1 月第 1 版　2021 年 8 月第 5 次印刷
印　　数	9101—10600 册
定　　价	**29. 00 元**

中等职业教育国家规划教材
出 版 说 明

为了贯彻《中共中央国务院关于深化教育改革全面推进素质教育的决定》精神，落实《面向 21 世纪教育振兴行动计划》中提出的职业教育课程改革和教材建设规划，根据教育部关于《中等职业教育国家规划教材申报、立项及管理意见》（教职成〔2001〕1 号）的精神，我们组织力量对实现中等职业教育培养目标和保证基本教学规格起保障作用的德育课程、文化基础课程、专业技术基础课程和 80 个重点建设专业主干课程的教材进行了规划和编写，从 2001 年秋季开学起，国家规划教材将陆续提供给各类中等职业学校选用。

国家规划教材是根据教育部最新颁布的德育课程、文化基础课程、专业技术基础课程和 80 个重点建设专业主干课程的教学大纲（课程教学基本要求）编写，并经全国中等职业教育教材审定委员会审定。新教材全面贯彻素质教育思想，从社会发展对高素质劳动者和中初级专门人才需要的实际出发，注重对学生的创新精神和实践能力的培养。新教材在理论体系、组织结构和阐述方法等方面均作了一些新的尝试。新教材实行一纲多本，努力为教材选用提供比较和选择，满足不同学制、不同专业和不同办学条件的教学需要。

希望各地、各部门积极推广和选用国家规划教材，并在使用过程中，注意总结经验，及时提出修改意见和建议，使之不断完善和提高。

教育部职业教育与成人教育司

2002 年 10 月

前　言

　　本教材属中华人民共和国教育部"面向 21 世纪职业教育课程改革和教材建设规划"研究与开发项目，是根据中等职业学校重点建设专业——农业水利技术专业整体教学改革方案与"水泵与水泵站"教学大纲编写的。是农业水利技术专业中等职业技术教育国家规划教材。

　　全书力求突出中等职业技术教育教材的特点，按照教学计划要求，着重于教材的实用性，以培养学生的应用能力为主线，注意反映新规范、新工艺和新方法，尽量做到由浅入深、循序渐进及理论与实际相联系。

　　本书由安徽水利水电职业技术学院胡晓军主编，河南省郑州水利学校王建军和河南省水利水电学校刘军参编。

　　全书共分十一章，绪论、第二章、第五章、第六章、第七章由胡晓军编写，第八章、第九章、第十章、第十一章由王建军编写，第一章、第三章、第四章由刘军编写。

　　本书经全国中等职业教育教材审定委员会审定，由华中科技大学张勇传院士担任责任主审，华中科技大学刘甲凡教授、吴钢副教授审稿，中国水利水电出版社另聘湖南省水利水电工程学校黄理军主审了全稿，提出了许多宝贵的修改意见，在此一并表示感谢。

　　由于编者水平有限，不足之处在所难免，恳请读者批评、指正。

编　者

2002 年 11 月

目　录

绪　　论

机电提水工程是利用机电提水设备及其配套建筑物使水流的能量增加，以满足兴利除害要求的综合性工程。它被广泛地应用于国民经济的各个部门。

一、机电提水的重要作用

我国水资源人均占有量仅相当于世界人均占有量的 1/4，由于地形与气候的影响，降雨量随季节变化很大，在地区分配上又不均匀，或干旱少雨，或暴雨成灾。灌溉与排涝任务十分艰巨。我国农田灌溉面积的 1/2 以上和排涝面积的 1/4 以上，均采用机电提水灌排，保证了农业的增产、增收，改造了低产田，带来了显著的经济效益，同时加快了农业机械化、农村电气化的发展。如 1978 年，江苏省遇到了严重的干旱，由于江都排灌站连续运行 222 天，提长江水 63 亿 m^3，使这个地区在大旱之年，获得了大丰收。又如甘肃省的景泰川电灌工程，建成后使原来风沙弥漫的荒滩变成了田、渠、林、路、电配套的高产稳产农田，使灌区的林、牧、副业得到了发展，生态环境得到了改善。

1998 年夏季，长江、松花江、嫩江发生了特大洪水，党中央号召全国亿万军民团结一心，奋勇抗洪，终于降服了洪魔，其中机电排涝设备发挥了重要作用。

随着我国经济建设的高速发展，水已成为各行各业的命脉。经济发展离不开水，离不开机电提水。如火力发电的锅炉供水，冷却用的循环水；采矿业中水力采煤和水力输送，矿井排水；石油的开采和输送；化工产品浆液的运移；纺织、造纸、制药等；均需提供压力水。此外，在航运、交通、旅游等各行业也离不开机电提水。

目前，我国有 100 多座城市严重缺水，许多乡村人畜饮水也十分困难。近年来，国家很重视城市供水，农村的改水工程、人饮工程，跨流域、跨地区的调水工程等，均离不开机电提水工程。

二、我国机电提水工程的发展概况

传统的提水工具在我国出现很早，品种也很多。西汉以前，使用最普遍的提水工具为桔槔，后因桔槔不便于提深水，乃有辘轳的问世。汉灵帝（168～189 年）时，人们发明了翻车（俗称龙骨水车）。到宋朝，翻车发展到了用畜力和水力传动。到了元朝（1300 年左右），又改翻车为筒车，提水高度达 70m。至明朝末年，构造比较复杂的斗子水车（即八卦水车）出现。

18 世纪末，由于蒸汽机的出现，国外已由简单的提水工具发展成为由蒸汽驱动的活塞式水泵。19 世纪末，由于电动机的发明，有了高速旋转的动力机，离心泵得以应用。我国在 20 世纪初开始应用机械进行排灌，在浙江的杭（州）、嘉（兴）、湖（洲）地区，江苏的苏州、无锡、常州附近的太湖地区采用小型汽油机和柴油机带动水泵抽水，改变了传统的提水方式。1924 年，上海、江苏开始生产离心式水泵，江苏常州郊区开始使用电动机驱动的水泵。到新中国成立时，全国机电排灌动力仅为 7.17 万 kW，机电排灌面积为 378 万亩，占当时全国灌溉总面积的 1.6%。

新中国成立后，在中国共产党的领导下，随着工农业生产的发展，科学技术的进步，特别是改革开放以来，我国机电提水工程建设得到了迅速发展，无论是高原地区、沿海滨湖地区，还是平原丘陵和山区，星罗棋布地分布着各种类型的水泵站。机电提水装机容量稳步发展。据统计，截至 1997 年末，全国机电排灌站达 50 多万座，机电井已发展到 330 余万眼，装机容量 7020 万 kW，相应机电排灌面积达到 3400 万 hm^2，其中灌溉面积为 2980 万 hm^2，占全国有效灌溉面积的 58.2%，排灌动力是 1949 年的 980 倍，灌溉面积是 1949 年的 118 倍。此外，还建成了大量的用于城镇供排水的给水泵站、雨水泵站和污水泵站等。现将我国近期建成的大、中型机电提水工程介绍如下：

（1）江苏省江都排灌站。是我国目前提水量最大的排灌泵站，总提水流量为 473m^3/s。该泵站除灌溉农田 93.3 万 hm^2 外，还兼有排涝、蓄能、水运、调水等功能。该泵站是东线南水北调的一期工程。

（2）陕西省东雷抽黄工程。其一期工程于 1987 年建成，分 9 级提水，包括 28 座泵站，133 台机组，累计净扬程 311m，总装机 11.86 万 kW，提水流量为 40 m^3/s，灌溉面积 6.5 万 hm^2。其中二级装有"黄河 2 号"双级单吸离心泵，净扬程 251.8m，单机流量为 2.2 m^3/s，单机功率为 0.8 万 kW。2000 年 6 月，二期抽黄工程也基本建成，分 8 级提水，包括 37 座泵站，170 台机组，累计净扬程 231.18m，总装机 11.34 万 kW，提水流量为 41.4 m^3/s，灌溉面积 8.43 万 hm^2，同时还解决了 30 万人的生活用水。其中北干二级站安装了 1200—LW—60 型立式离心泵，该站总装机 4.26 万 kW，是目前亚洲单机装机容量最大的泵站。

（3）1986 年建成的宁夏固海抽黄工程。共设 11 级抽水，101 台机组，累计净扬程 342 m，提水流量为 20 m^3/s，灌溉面积 3.33 万 hm^2，同时解决当地人民的生活用水问题。

（4）1994 年 1 月建成的广东省东江—深圳供水三期扩建工程。共设 6 座泵站，33 台机组，总装机 4.89 万 kW，提水流量近 70 m^3/s，为跨流域调水工程。该工程主要用于供应香港、深圳两地的生产生活用水，工程技术先进，供水保证率 99%，设置了微机集中控制系统，自动化程度高。

（5）湖北省樊口泵站。装有口径 4 m 的大型轴流泵，设计流量为 214 m^3/s，总装机 2.4 万 kW，排涝面积为 3.13 万 hm^2。该泵站的特点是：流量大、扬程低，自动化程度高。

（6）1983 年 9 月正式通水的引滦入津工程。属跨流域的北水南调工程，采用 3 级提水，兴建 4 座泵站，共装 37 轴流泵台，提水流量 50 m^3/s，经 234km 线路将水引至天津，满足天津地区工农业生产和生活用水需要。

（7）我国最大的排水泵站为内蒙古红圪卜泵站。实际排水面积达 28 万 hm^2。

（8）我国提水累计净扬程最高的泵站为甘肃西津泵站。其提水扬程达 684.8m。

（9）随着节水灌溉技术的兴起，我国已有几十万台套的喷灌设备，如上海市用于蔬菜灌溉的喷灌站 1700 多座，灌溉菜地 1.15 万 hm^2；北京市顺义县，喷灌农田面积已达 3.33 万 hm^2。

这些水泵站在抗旱灌溉、抗洪排涝，提高农业生产规模，确保农业增产，保障城镇居民生活，提高人民生活水平，保证工业企业用水，促进国民经济发展等各个方面发挥了重要作用，取得了显著的社会经济效益。

从我国机电提水工程建设及其发展的过程来看，其显著特点是：数量大，范围广，类型多，发展速度快。在工程规模上，以中、小型泵站为主，少量为大型。在机电提水工程技术方面取得了很大的进步，产品的系列化、标准化和通用化程度大幅度提高，形成了轴流泵、混流泵、离心泵、潜水泵和水轮泵等农用泵及用于消防等其他方面的多种类型泵系列。一些低扬程泵站，一站同时具有灌溉、排水、发电等几项功能。我国机电提水工程，无论在数量上和规模上均居世界首位。

近些年来，随着我国改革开放的不断深入，机电提水工程的"软件"建设亦日臻完善，已发布了规划、设计、施工和管理等方面的技术规范，为更好地发挥泵站的工程效益和经济效益提供了保证。

三、当前我国机电提水存在的主要问题

从我国机电提水工程的总体情况来看，主要存在的问题是：泵站的机电设备老化严重，装置效率低，能源消耗大，运行可靠性较差；自动化程度普遍不高，管理水平低。据有关资料统计，全国约有 1/2 以上的泵站，其装置效率在 50％以下，有的甚至低至 20％。有的提水灌区，渠道渗漏严重，水的利用率低，约有 30％～50％的水量漏失。针对这些情况，当前应从以下几个方面做好工作。

（1）搞好规划、设计。泵站规划、设计的合理与否，直接影响着泵站效益的发挥。新建泵站必须科学合理地进行规划，提高设计水平，为充分发挥效益提供可靠的保证。

（2）加强经营管理，提高管理水平。加强经营管理，提高泵站管理人员的经营管理水平，实现管理规范化、自动化、科学化。

（3）加强科学研究，提高装置效率。在泵的结构设计、动力机配套、泵站设计理论等方面重视科学研究工作，提高泵站的装置效率，进而达到降低能耗、提高泵站工程效益的目的。

（4）有计划地进行泵站技术改造，更新设备，提高自动化程度。随着科学技术的发展，我国早年兴建的一些泵站普遍存在的问题是设备老化，性能较差，自动化程度低，能耗偏大，工程效益难以发挥。因此，有计划进行泵站改造，更新设备，提高自动化程度，对于降低能耗、充分发挥泵站的工程效益是非常必要的。

四、本课程的内容和要求

"水泵与水泵站"是农业水利技术专业的一门专业课。本课程的主要内容包括水泵的基本知识和基本理论，水泵的应用技术及水泵站规划设计的一般原则和方法，水泵站机电设备安装和运行管理的基本技能。本课程的主要任务是使学生通过学习和实践，获得水泵与水泵站的理论和实践知识，能从事中小型泵站规划、设计、安装和运行管理工作。具体要求是：

（1）了解叶片泵的工作原理和构造，熟悉叶片泵的性能。

（2）掌握水泵工作点的确定及调节方法，掌握一定的水泵经济运行知识。

（3）掌握水泵的汽蚀性能，能够正确确定水泵的安装高程。

（4）了解泵站工程规划原则，能合理地选择站址和泵站建筑物的总体布置；能合理地确定灌排泵站的设计流量和扬程，合理选配水泵机组及附属设备。

（5）能合理地确定中、小型泵房的结构型式，并能进行泵房的布置、稳定分析及结构设计。

（6）能合理确定中、小型泵站进出水建筑物的形式和尺寸，并能进行必要的水力计算。

（7）了解中小型泵站的安装、运行、管理方面的基本知识，熟悉水泵常见故障原因及排除方法、泵站的节能技术，具有对中、小型泵站进行技术改造的初步能力。

第一章 水泵的类型与构造

第一节 水泵的定义与分类

一、水泵的定义

泵是一种转换能量的机械，它将动力机的机械能或其他能源的能量传递给所抽送的液体，使液体的能量增加，以达到提升或输送液体的目的。用来抽水的泵称为水泵。

水泵是一种通用机械，它的用途很多，在国民经济各部门均有广泛应用。如农田的灌溉与排涝、城市与乡镇的供排水、火力发电厂的锅炉及冷却给水、矿井中的排水、石油的开采和输送、船舶的推进、火箭的发射等。

二、水泵的分类

水泵的种类很多，根据其工作原理与结构型式的不同可分为三类。

1. 叶片式泵

叶片式泵是靠水泵中叶轮的高速旋转，把机械能转换为水的动能和压能。由于叶轮上有几片弯曲形叶片，故称为叶片式泵。根据叶轮对液体作用力的不同可分为离心泵、轴流泵和混流泵。

（1）离心泵。按叶轮进水方式和叶轮级数可分为以下几种：

1）单级单吸离心泵。即一个叶轮、单面吸水，见图1-1。

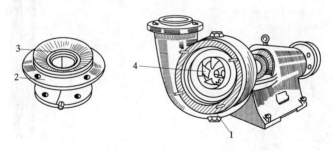

图1-1 单级单吸离心泵

1—泵体；2—泵盖；3—密封环；4—叶轮

2）单级双吸离心泵。即一个叶轮、双面吸水，见图1-2。

3）多级单吸离心泵。即多个叶轮、单面吸水，见图1-3。

（2）轴流泵：

1）按泵轴布置方式可分为立式（图1-4）、卧式和斜式。

2）按叶片调节方式可分为固定式、半调节式和全调节式。

（3）混流泵：

1）按水泵压水室结构型式可分为蜗壳式（图1-5）和导叶式。

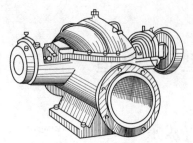

图 1-2 单级双吸离心泵

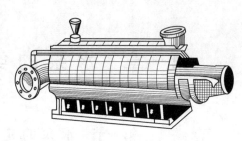

图 1-3 多级单吸离心泵

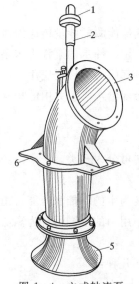

图 1-4 立式轴流泵

1—联轴器；2—泵轴；3—出水弯
管；4—导叶体；5—喇叭管；
6—水泵支座

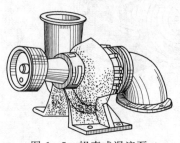

图 1-5 蜗壳式混流泵

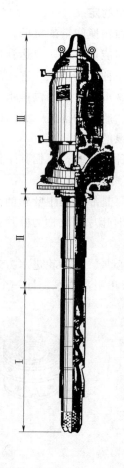

图 1-6 长轴井泵

2）按泵轴布置可分为立式和卧式。

2. 容积式泵

它是利用泵体工作容积周期性变化来输送液体的。根据工作容积改变的方式又分为往复式泵和回转式泵。往复式泵是利用柱塞在泵缸内作往复运动来改变工作室的容积而输送液体的；回转式泵是利用转子作回转运动来输送液体的。

3．其它类型泵

（1）长轴井泵。用于深井，泵体相当于立式多级离心泵，如图1-6所示。

（2）潜水电泵。由水泵和电动机组合成一体，潜入水下使用，如图1-7所示。

（3）水轮泵。由水轮机和水泵组合成一体，以水能作动力，除作水泵抽水外，还可添加其他设备用于发电和农副产品加工，如图1-8所示。

（4）射流泵。射流泵没有转动部件，是靠外加的流体的高速喷射，与泵

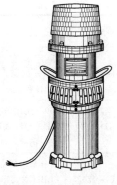 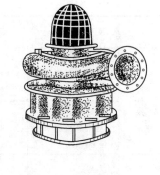

图1-7　潜水电泵　　　　图1-8　水轮泵

中液体相混合，把一部分动能传给被输送的液体，使其动能增加，其后减速升压而工作的泵。其结构简单、工作可靠，但其效率较低。

（5）气升泵。气升泵又称空气扬水机，它是靠通入泵中的压缩空气与水的混合液和水的重力密度差，将水提升的泵，它主要用于井中提水。

除以上各类水泵外，还有自吸离心泵、排污泵、喷灌泵、管道泵、软轴提水泵等。

三、水泵的型号

水泵的种类与规格繁多，为了订购和选用的方便，对不同类型的水泵，根据其口径（或叶轮直径）的大小、性能、结构等不同情况，分别编制了各种型号。

在我国，通常用汉语拼音大写字母表示水泵的名称、型式及特征，用数字表示水泵的主要尺寸和工作性能。现着重介绍叶片式水泵的型号，见表1-1。

表1-1　　　　　　　　　　叶片式水泵型号及说明

水泵种类		型号举例	型号说明	备注
离心泵	单级单吸离心泵	IS100—65—200	IS—单级单吸离心泵； 100—吸入口直径，mm； 65—排入口直径，mm； 200—叶轮直径，mm	IS型是国际标准，直径单位mm
	单级双吸离心泵	S500—59A	S—单级双吸离心泵； 500—吸入口直径，mm； 59—水泵扬程，m； A—叶轮的切割次数（A为第一次切割）	
		20Sh—6A	20—吸入口直径，为20in； Sh—单级双吸离心泵； 6—比转速的1/10； A—叶轮的切割次数（A为第一次切割）	
	单吸多级离心泵	DA80×5	80—出水口直径，mm； DA—单吸多级分段式离心泵； 5—级数（即叶轮个数）	
		80DL30×9	80—泵吸入、吐出口直径，mm； DL—单级多级立式离心泵； 30—单级扬程，m； 9—级数	

水泵种类		型号举例	型 号 说 明	备 注
混流泵	蜗壳式混流泵	400HW—5	400—泵进口直径，mm； HW—蜗壳式混流泵； 5—扬程，m	
	导叶式混流泵	250HD—12	250—泵出口直径，mm； HD—导叶式混流泵； 12—扬程，m	
轴流泵		28ZLB—70	28—泵出口直径，in； ZLB—立式半调节轴流泵； 70—比转速的 1/10	
		50ZLQ—50	50—泵出口直径，in； ZLQ—立式全调节轴流泵； 50—比转速的 1/10	
		14ZXB—70	14—泵出口直径，in； ZXB—斜式半调节轴流泵； 70—比转速的 1/10	
		350ZWB—4	350—泵出口直径，mm； ZWB—卧式半调节轴流泵； 4—设计点扬程，m	
		40CJ—95	40—叶轮直径，为 4.0m； CJ—长江牌全调节轴流泵； 95—扬程为 9.5m	

第二节　水泵的工作原理与构造

水泵的类型很多，但使用最广的是叶片式水泵。因此，我们仅对叶片式水泵进行学习和讨论。

一、离心泵

（一）离心泵的工作原理

离心泵是利用叶轮旋转而使水产生离心力来工作的，如图 1-9 所示。

在抽水前，通过灌水或用真空泵抽气的方式，使泵壳内和进水管及闸阀前的出水管内充满水，当动力机带动叶轮在泵体内旋转时，叶片使水做旋转运动，水在离心力的作用下甩向叶轮外缘，汇集到泵壳内，并从出水口输送出去。水被甩出后，在叶轮进口处形成负压。而作用于进水池水面的压力为大气压力，在此两断面压力差的作用下，水就由进水池通过进水管吸入叶轮，叶轮不停地旋转，水就不断地被甩出和吸入，这就是离心泵的工作原理。

（二）离心泵的构造

1. 单级单吸离心泵

单级单吸离心泵构造，如图 1-10 所示。其主要零部件有叶轮、泵壳、密封环、泵

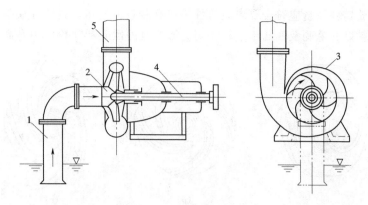

图 1-9　离心泵工作原理

1—进水管；2—叶轮；3—泵体；4—泵轴；5—出水管

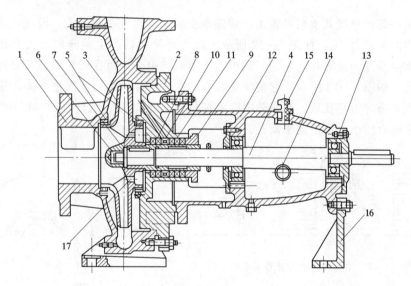

图 1-10　IS 型单级单吸离心泵结构图

1—泵体；2—泵盖；3—叶轮；4—泵轴；5—密封环；6—叶轮螺母；

7—止动垫圈；8—轴套；9—填料压盖；10—水封环；11—填料；

12—悬架；13—轴承；14—油标；15—油孔盖；16—支架；17—水压平衡孔

轴、轴承、填料函等。

（1）叶轮。叶轮的作用是通过旋转将动力机的机械能传递给水，使水的能量增加。它的几何形状、尺寸、所用材料和加工工艺等对水泵的性能影响甚大。叶轮是水泵的核心。

离心泵的叶轮型式有封闭式、半封闭式和开敞式三种，如图 1-11 所示。

灌排用离心泵一般采用封闭式叶轮，它由前盖板、叶片、后盖板和轮毂组成。前后盖板间一般有 4～12 片向后弯曲的叶片，叶片和盖板的内壁构成了叶槽；叶轮前盖板中间有一个进水口，水从进水口吸入，流过叶槽后再从叶轮四周甩出，水在叶轮中的流动方向是轴向进水，径向出水。叶轮尺寸基本上是根据流体力学计算并通过模型试验决定的，同时必须具有足够的机械强度。灌排用泵的叶轮大多用铸铁制成，大型水泵叶轮的材料一般用铸钢制成。叶轮铸件质量应符合要求，铸件不得有砂眼、气孔、裂纹等缺陷，叶槽要光滑平整，不得有粘砂、毛刺及凹凸不平，否则会影响泵的性能和叶轮使用寿命。

图 1-11 离心泵叶轮的型式

(a) 封闭式；(b) 半开敞式；(c) 开敞式

泵在运行时，单吸式水泵叶轮由于背面承受的水压力较进水侧大，因此，会产生一个指向进水侧的轴向力 P_0，如图 1-12 所示。此力可使泵轴产生轴向窜动或引起叶轮前盖板与泵壳发生摩擦，损坏叶轮。为了减少或平衡轴向推力，可在叶轮后盖板靠近轮毂处开若干平衡孔，如图 1-13 所示。它使叶轮后面的高压水经平衡孔流向进水侧，使叶轮两侧的压力大致平衡。但开孔后，水泵效率会有所降低。小口径、低扬程的单吸单级离心泵，一般由于轴向力较小，可不开平衡孔。

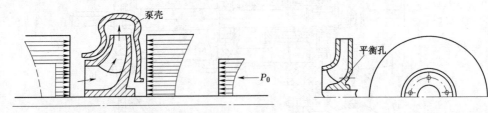

图 1-12 叶轮两侧压力分布示意图   图 1-13 平衡孔示意图

(2) 泵壳。泵壳由泵盖和泵体组成，见图 1-10 中的 1、2。泵体包括吸水口、蜗壳形流道和泵的出水口。泵的吸水口连接一段渐缩的锥形管，它的作用是把水以最小的损失均匀地引向叶轮。在吸水口法兰上开有安装真空表的螺丝孔。泵的出水口连接一段扩散的锥形管，水流随着断面的增大，速度逐渐减小，将部分动能转化为压能。在泵体出水法兰上开有安装压力表的螺丝孔。在泵体顶部设有放气或注水的螺孔，以便在水泵启动前用来灌水或抽真空。在泵体底部设有放水孔，停用期间泵内的水由此放空，以防锈蚀和冬季冻裂。泵体采用后开式。泵壳的作用是汇集水流、能量转换等。

(3) 密封环。密封环又称减漏环、承磨环、口环。水泵叶轮吸入口的外缘与固定的泵体内缘间存在一个间隙，这一间隙如过大，则泵体内高压水会经过此间隙漏回到叶轮的吸入口，从而减少水泵的实际出水量，降低水泵的效率；这一间隙如过小，叶轮转动时就会和泵体发生摩擦，引起机械磨损。为了尽可能减少漏水损失，保护泵体不被磨损，在泵体上或泵体和叶轮上分别装一由耐磨的铸铁或碳钢制成的密封环，该环磨损后可以更换。而该环的作用就是减漏、承磨，如图 1-14 所示。

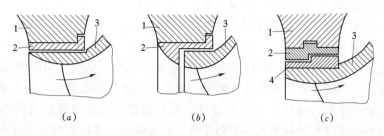

图 1-14 密封环示意图

(a) 平环式; (b) 角接式; (c) 双环式

1—泵体; 2—镶在泵体上的密封环; 3—叶轮; 4—镶在叶轮上的密封环

(4) 泵轴。泵轴是用来带动叶轮旋转的,作用是传递动力。它的材料要有足够的抗扭强度和刚度。常用碳素钢和不锈钢制成。泵轴一端用键、叶轮螺母固定叶轮,轴上的螺纹旋向,在轴旋转时,使螺母处于拧紧状态。轴的另一端装联轴器或皮带轮。为了防止填料与泵轴直接摩擦,多数泵轴在穿过填料函的部位装有磨损后可以更换的轴套,见图 1-10 中的 8。

(5) 轴承。轴承用以支撑转动部件的重量以及承受水泵运行时的轴向力和径向力,并减小轴转动时的摩擦力。常用的轴承有滚动轴承和滑动轴承两种。单级单吸离心泵一般采用滚动轴承。

(6) 填料函。在泵轴穿出泵壳处,转动的泵轴与固定的泵壳之间存在着间隙,为了防止高压水通过此间隙向外大量流出和空气进入泵内,必须设置轴封装置。填料函就是常用的一种轴封装置,如图 1-15 所示,它由底衬环、水封环、水封管、填料、填料压盖等组成。

填料又称盘根,常用的是浸油、浸石墨的石棉绳填料,外表涂黑铅粉。底衬环和填料压盖通常用铸铁制造,套在轴上填料的两端,用来阻挡和压紧填料。填料松紧的程度,用压盖上的螺丝来调节。如压得过紧,虽能

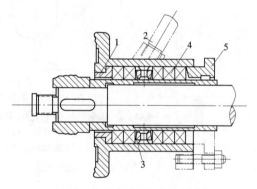

图 1-15 填料函示意图

1—底衬环; 2—水封管; 3—水封环;
4—填料; 5—填料压盖

减少泄漏,但填料与轴套间的摩擦损失增加,会缩短其使用寿命,严重时会造成发热、冒烟,甚至烧毁;压得过松,则会大量漏水,降低效率。水封环利用高压水进行水封,同时还起冷却、润滑泵轴的作用。

填料密封结构简单,工作可靠,但填料使用寿命不长。当被密封的介质为高温、高压,或泵轴转速过高时,不宜采用此种填料密封,而应采用机械密封、橡胶密封等轴封装置。

单级单吸离心泵的特点是扬程较高,流量较小,结构简单,维修容易,体积小、重量轻,泵出口方向可以改变。目前该产品有 IS、IB 等系列,其转速有 1450、2900 r/min 两

种，泵进口直径在 50 ～ 200mm，流量为 6.3 ～ 400m³/h，扬程为 5 ～ 125 m。适用于丘陵山区和一些小型灌区的农田灌溉及城乡供水等。

2. 单级双吸离心泵

单级双吸离心泵结构如图 1 - 16 所示。其主要零部件与单级单吸泵相似。所不同的是：叶轮形状是对称的，水从两面进入叶轮；泵壳由泵体、泵盖组成，且水平中开；双吸泵在泵体与叶轮外缘配合处装有两个密封环；在泵轴穿出泵体两端装有两套填料密封装置；轴两端用轴承支撑，轴承型式一般用单列向心球轴承，亦可采用滑动轴承；卧式双吸离心泵的进水口与出水口水流方向一致，均为水平方向。目前该产品有 S、Sh 两个系列，S 型是比 Sh 型更新的产品，其性能优于 Sh 型泵。

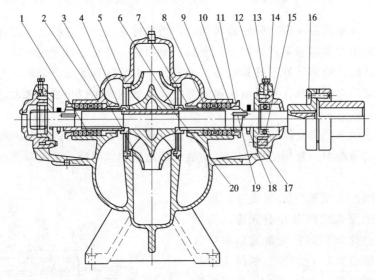

图 1 - 16　单级双吸离心泵结构图

1—泵体；2—泵盖；3—叶轮；4—泵轴；5—密封环；6—轴套；7—填料套；
8—填料；9—水封环；10—压盖；11—轴套螺母；12—轴承体；13—固定螺钉；
14—轴承体压盖；15—滚动轴承；16—联轴器；17—轴承端盖；18—挡水圈；
19—螺杆；20—键

单级双吸离心泵的特点是流量较大，扬程较高，便于检修，运转平稳。其性能范围：转速为 360～2900r/min，泵进口直径为 150～1400 mm，流量为 162～18000 m³/h，扬程为 12～125 m。它广泛应用于较大面积的灌排或生产、生活供水。

3. 单吸多级离心泵

单吸多级离心泵分为 DA、D 等型，图 1 - 17 为 D 型多级离心泵结构图。泵壳联结方式为节段式，泵壳分进水段、中段和出水段。各段用长螺栓连成整体。前一级叶轮经导叶（导水盘）将水引导至后一级叶轮进水侧，使水的能量逐级增加，最后经出水段流出。在进、出水段装有填料密封和轴承，每个叶轮前后均装有密封环。

D 型多级泵由于各级叶轮都是单侧进水，水的轴向推力很大，所以在末级叶轮的后面，设有平衡轴向力的平衡盘，其结构如图 1 - 18 所示。

D 型泵的扬程为 17.5 ～ 600 m，流量为 6.25～450 m³/h，适用于山区人畜供水和农

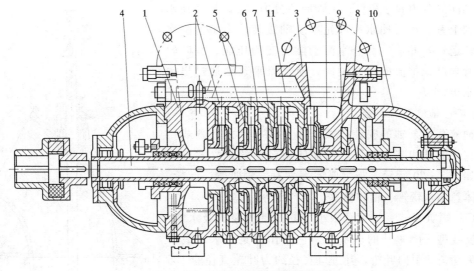

图 1-17 D型多级离心泵结构图

1—进水段；2—中段；3—出水段；4—泵轴；5—叶轮；6—导叶；
7—密封环；8—平衡盘；9—平衡环；10—轴承部件；11—长螺栓

田灌溉。

二、轴流泵

（一）轴流泵的工作原理

轴流泵是利用叶轮在水中旋转时产生的推力将水提升的，这种泵由于水流进入叶轮和流出导叶都是沿轴向的，故称轴流泵。

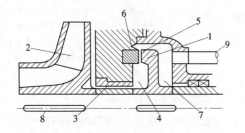

图 1-18 平衡盘结构及工作原理图

1—平衡盘；2—末级叶轮；3—轴向缝隙；4—空室；
5—径向缝隙；6—防磨环；7—减压空室；8—键；
9—连接叶轮进水侧水管

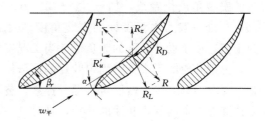

图 1-19 叶栅和作用在翼型上的力

轴流泵叶片的剖面和飞机机翼剖面相似。如果用同轴圆柱面来切割轴流泵的叶轮，并将切得的截面展开成平面，就可得到等距离排列的一系列翼型，称叶栅，如图 1-19 所示。它的曲面在下，而平直面在上。当叶轮在水中旋转时，水流对叶栅产生了沿翼型表面的绕流，水流以速度 $w_{平}$ 与翼弦成 α 角流过。由于水流沿着翼型下表面的流动速度要比沿着翼型上表面的流动速度快，相应地翼型下表面的压力要比上表面小，因此就产生了方向向下的作用力 R。R 在 $w_{平}$ 方向分力 R_D 为阻力，垂直于 $w_{平}$ 分力 R_L 为升力。由于叶片只能转动而不能上、下移动，因而翼型对水也产生一个方向向上的合力 R'。合力 R' 可分解

13

成沿轴向的分力 R'_z 和垂直于轴向的分力 R'_u。前者使水沿泵轴上升，后者使水在叶轮中绕轴旋转。为了消除水流旋转运动，并使一部分水流动能转变为压能，在叶轮后设有导叶，把流向导成轴向，使水流平顺地通过出水弯管流出。

（二）轴流泵的构造

轴流泵按泵轴的安装方式分为立式、卧式和斜式三种，它们的结构基本相同。目前使用较多的是立式轴流泵，如图 1-20 所示。其主要零部件有：喇叭管、叶轮、导叶体、出水弯管、轴和轴承、填料函等。

（1）喇叭管。喇叭管是中小型立式轴流泵的吸水室，为一流线型呈喇叭状的进水管。它的作用是把水以最小的损失均匀地引向叶轮，其进口直径约为叶轮直径的 1.5 倍，用铸铁制造。

（2）叶轮。轴流泵的叶轮是开敞式的，由叶片、轮毂、导水锥等组成。叶片装在轮毂上，一般用铸铁或铸钢制成。

轴流泵的叶片呈扭曲形，一般有 2～6 片。按叶片在轮毂上的固定方式分为固定式、半调节式和全调节式三种。图 1-21（a）为轴流泵固定式叶片的叶轮，其叶片与轮毂体铸在一起，叶片的角度不能调节。图 1-21（b）为轴流泵半调节式叶片的叶轮。其叶片螺母紧栓于轮毂上，在叶片根部刻有基准线，并在轮毂体上刻有几个相对应的安装角度位置线，如 -4°、-2°、0°、+2°、+4° 等。标 0°处一般为水泵设计的安装角度，大于设计角度的为正值，小于设计角度的为负值。当工况发生变化需要调节时，应停机进行。先拆下喇叭管，再把叶轮卸下来，将固定叶片的螺母松开，转动叶片，使叶片的基准线对准轮毂体上某一要求的刻度线，然后再将螺母拧紧，装好叶轮。由于它的结构简单，一般多用于中小型轴流泵。全调节式叶片的叶轮，是通过一套机械式或油压式调节机构来改变叶片的安装角度。它可在不停机或只停机不拆卸叶轮的情况下改变叶片的安装角度，保证水泵始终在高效率区运行。这种调节方式结构复杂，一般用于大中型轴流泵。

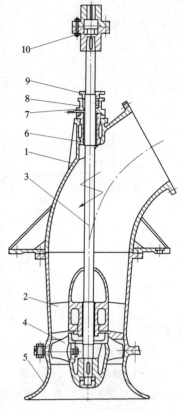

图 1-20　立式轴流泵结构图

1—出水湾管；2—导叶体；3—泵轴；
4—叶轮；5—喇叭管；6—橡胶轴承；
7—填料盒；8—填料；9—填料压盖；
10—刚性联轴器

（3）导叶体和出水弯管。导叶体为轴流泵的压水室，它是由导叶、导叶毂和泵外壳组成，用铸铁制造。

导叶的主要作用是把从叶轮中流出的水流的旋转运动变为轴向运动，在圆锥形导叶体中使水流的速度减小。这样既可以减少水头损失，又可以把一

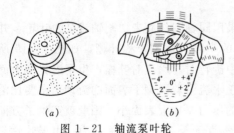

图 1-21　轴流泵叶轮

（a）固定式叶片叶轮；（b）半调节式叶片叶轮

14

部分动能变为压能。轴流泵导叶的叶片数一般为6～12片。进入导叶的水流经导叶后转为轴向出流,从导叶流出的水流经过一段直锥管进入出水弯管,出水弯管的转弯角度一般为60°。

（4）轴和轴承。泵轴是传递扭矩的,用优质碳素钢制成。轴的下端用螺母扣紧轮毂,上端则用螺母扣紧刚性联轴器。

轴流泵的轴承有两种类型,一种是导轴承,另一种是推力轴承。导轴承主要是用来承受径向力,起径向定位作用。中、小型立式轴流泵一般采用水润滑的橡胶轴承,上、下各一只。在水泵启动前,可通过上导轴承旁边的一根短管灌清水润滑,以免干转烧坏橡胶轴承,待水泵启动出水后,停止供润滑清水。推力轴承主要是用来承受水流作用在叶片上的轴向压力以及水泵、电动机转动部件的重量,维持转动部件的轴向位置,并将轴向推力传到电机梁上去。

（5）填料函。轴流泵的填料函安装于泵出水弯管的轴孔处。其构造与离心泵的填料函相似,但无水封管和水封环,压力水是直接通过填料的孔隙压入润滑的。

轴流泵的特点是扬程低、流量大。中、小型轴流泵的性能范围:泵出口直径为150～1400mm,流量为360～18000m³/h,扬程为2～21m。适用于圩区和平原地区的灌溉与排涝。

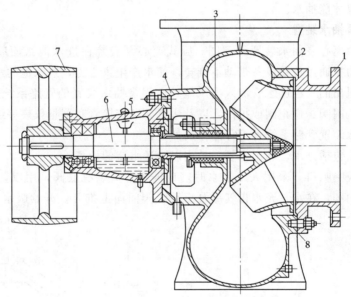

图1-22　卧式蜗壳式混流泵结构图

1—泵盖;2—叶轮;3—填料;4—泵体;5—轴承体;

6—泵轴;7—皮带轮;8—双头螺栓

三、混流泵

（一）混流泵的工作原理

混流泵是介于离心泵和轴流泵之间的一种泵,它是靠叶轮旋转而使水产生的离心力和叶片对水产生的推力双重作用而工作的。图1-22为卧式蜗壳式混流泵结构图。

（二）混流泵的构造

混流泵按其结构型式可分为蜗壳式和导叶式两种。蜗壳式混流泵有卧式和立式两种。目前生产和使用比较广泛的是卧式,立式多用于大型泵。蜗壳式混流泵的结构与单级单吸离心泵相似,如图1-22所示。但叶轮的形状不同,混流泵叶片出口边是倾斜的,叶片数较少,流道宽阔,如图1-23所示。水流通过该叶轮是轴向进,斜向出。此外同口径混流泵的蜗壳较离心泵大。

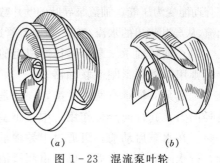

图1-23 混流泵叶轮

(a) 低比速叶轮;(b) 高比速叶轮

导叶式混流泵的外形和结构与轴流泵相近,分卧式和立式两种。一般叶片的安装角可以随工作条件的变化进行调节,以保持在高效率区运行。混流泵的特点是流量大,扬程中、低,泵的效率高。它兼有离心泵和轴流泵两者的优点,是一种较为理想的泵型。

第三节 水泵装置及工作过程

由水泵、动力机、传动设备、管路及其附件所组成的组合体称为水泵装置。只有构成水泵装置,水泵才能抽水。

一、离心泵抽水装置

图1-24为离心泵抽水装置示意图。卧式离心泵安装在进水池水面以上。水泵运行时,叶轮在动力机通过传动设备带动下旋转,使水产生离心力,进水池的水经进水管吸入泵内,从叶轮甩出的水经出水管流入出水池。离心泵抽水装置的管路系统一般由进水管、出水管、底阀、闸阀、逆止阀或拍门,以及弯管、渐变接管和测量仪表等组成。

离心泵抽水装置管路系统各部分的作用如下:

(1)管道。包括进水管和出水管,是用以输送水流的设备。

(2)底阀或喇叭口。采用人工灌水时,在进水管口装有底阀,用以防止水流回进水池。底阀为单向阀,在水泵充水排气后泵启动,阀门向上推开,开始吸水,底部有滤网。

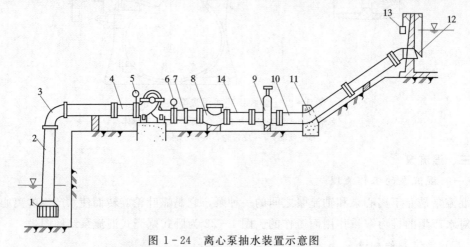

图1-24 离心泵抽水装置示意图

1—滤网与底阀(或喇叭口);2—进水管;3—90°弯头;4—偏心渐缩管;5—真空表;
6—压力表;7—渐扩接管;8—逆止阀;9—闸阀;10—出水管;
11—45°弯头;12—拍门;13—平衡锤;14—伸缩接管

底阀因水头损失大，对于吸入口径大于300mm的离心泵建议不用底阀，用真空泵抽气充水，此时，可在进水管口装上喇叭口。

（3）闸阀。一般装在出水管路上，作用主要是：关闭闸阀启动时，可降低启动功率；关阀停机或检修，可截断水流；抽真空时关闭闸阀，可隔绝外界空气；对于小型抽水装置，可以用来调节水泵的功率和流量。

（4）逆止阀。安装在出水管路上，其作用是事故停机时，可自动关闭阀门，阻止出水管中水倒流和机组转子反转。但是安装了逆止阀，由于阀门突然关闭，会产生很大的水锤压力。因此，对中、低扬程泵站可不装逆止阀，而在出水管口安装拍门等，用来防止出水池水倒流。对高扬程的泵站，目前多用缓闭逆止阀。

（5）渐变接管。也称大小头。用以改变管中流速，连接两个不同管径的管道。

（6）伸缩接管。安装在出水闸阀的一侧，用以调节由于温度变化引起管道的伸缩，另用以拆装管件。

（7）弯管。用以改变水流的方向，如90°弯管（弯头），可把水流从垂直方向改变为水平方向。

（8）测量仪表。包括真空表和压力表，分别安装在水泵进口和出口法兰处，用以测定水泵进口处真空度和水泵出口处的压力。

二、轴流泵抽水装置

图1-25为小型立式轴流泵抽水装置示意图。

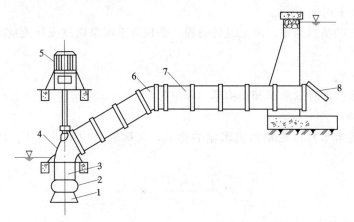

图1-25 轴流泵抽水装置示意图
1—喇叭管；2—叶轮；3—导叶体；4—出水弯管；5—电动机；
6—45°弯头；7—出水管；8—拍门

轴流泵叶轮安装在进水池水面之下。泵运行时，动力机带动水泵叶轮在水中旋转，进水池的水从喇叭管进入叶轮后，经导叶体、出水弯管和出水管流入出水池。由于叶轮淹没在水下，水泵启动前无需充水，故不需底阀，轴流泵不允许关闸启动，所以出水管路上也不装闸阀，为防止停机时水倒流，仅在出水管出口处设置拍门。管路水流方向改变时需设弯头。

混流泵的抽水装置、卧式蜗壳式混流泵的抽水装置与离心泵的基本相同，但管路附件比较简单。当采用真空泵抽气时，一般不用底阀、闸阀和逆止阀，仅在出水管出口处装设拍门。立式导叶式混流泵的抽水装置与小型立式轴流泵的也基本相同，不再重复。

第二章 水泵的性能

第一节 水泵的性能参数

水泵的性能参数包括：流量、扬程、功率、效率、转速、容许吸上真空高度或必需气蚀余量，现分述如下。

一、流量

流量是指水泵在单位时间内从水泵的出口输送出来并进入管路的水的体积或质量。目前，常采用体积流量，用 Q 表示，单位为：m^3/s、m^3/h 或 L/s；各个单位互相换算关系为 $1\ m^3/s = 1000\ L/s = 3600\ m^3/h$。

水泵铭牌上的流量是该台水泵设计流量，又称额定流量。水泵在该流量下运行效率最高。

二、扬程

水泵的扬程是指单位重量的水从水泵进口到出口的能量增加值。用 H 表示，单位为 $N\cdot m/N$，习惯上用 m 表示。

水泵铭牌上的扬程是该台水泵设计扬程，是相应于水泵通过设计流量时的扬程，又称额定扬程。

三、功率

功率是指水泵的有效功率和轴功率，单位为 kW。

1. 有效功率

有效功率是指水泵传递给输出水流的功率，又称输出功率，用 P_u 表示，可用下式计算：

$$P_u = \frac{\rho g Q H}{1000} \quad (kW) \tag{2-1}$$

式中　ρ——水的密度，kg/m^3；

g——重力加速度，m/s^2；

Q——水泵流量，m^3/s；

H——水泵扬程，m。

2. 轴功率

轴功率是指泵轴所接受的功率，又称输入功率，用 P 表示。水泵铭牌上的轴功率是指对应于通过设计流量时的轴功率，又称额定功率。

四、效率

水泵的效率是泵的有效功率与泵的轴功率之比，它标志水泵对能量的有效利用程度，用 η 表示。其表达式为

$$\eta = \frac{P_u}{P} \times 100\% \qquad\qquad (2-2)$$

或

$$\eta = \frac{\rho g Q H}{1000 P} \times 100\% \qquad\qquad (2-3)$$

水泵铭牌上的效率是对应于通过设计流量时的效率，为水泵的最高效率。水泵的功率损失有三部分，即机械损失、容积损失和水力损失。水泵的有效功率加上所有的损失功率应等于轴功率，水泵的功率平衡，如图 2-1 所示。

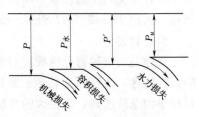

图 2-1　水泵的功率平衡图

1. 机械损失和机械效率

叶轮在泵体内的液体中旋转时，叶轮盖板外表面与液体产生摩擦损失（即轮盘损失），泵轴转动时轴和轴封、轴承产生摩擦损失，克服这些摩擦消耗了一部分能量，即机械损失。

机械损失功率用 P_m 表示。从泵的输入功率中扣除机械损失后，叶轮传给液流的功率称水功率，用 $P_水$ 表示：

$$P_水 = P - P_m = \frac{\rho g (Q+q) H_T}{1000} \qquad\qquad (2-4)$$

水功率与轴功率之比称为机械效率 η_m，即

$$\eta_m = \frac{P_水}{P} \times 100\% \qquad\qquad (2-5)$$

式中　$Q+q$——水泵的理论流量，是实际流量 Q 与漏损流量之和，m^3/s；

　　　H_T——水泵的理论扬程，即未考虑泵内水力损失时的扬程，m。

2. 容积损失和容积效率

水流流经叶轮之后，有一小部分高压水经过泵体内间隙（如减漏环）和轴向力平衡装置（如平衡孔、平衡盘）泄漏到叶轮的进口，另有一小部分从轴封处泄漏到泵外，因而消耗了一部分能量，即容积损失。通过泵出口的流量为 Q，通过泵进口的流量为 $Q+q$，两者之比称为容积效率 η_v，即

$$\eta_v = \frac{Q}{Q+q} \times 100\% \qquad\qquad (2-6)$$

3. 水力损失和水力效率

水流流经水泵的吸入室、叶轮、压出室时产生摩擦损失、局部损失和冲击损失。摩擦损失是水流与过流部件边壁间的摩擦阻力引起的损失。局部损失是水流在泵内由于水流运动速度大小与方向发生变化时引起的损失。冲击损失是泵在非设计工况下运行时水流在叶片入口处、出口处及压出室内引起的损失。水泵扬程与理论扬程之比，称为水力效率 η_h，即

$$\eta_h = \frac{H}{H_T} \times 100\% \qquad\qquad (2-7)$$

综上所述，泵的总效率 η 的公式，可变换成下列形式：

$$\eta = \frac{P_u}{P} \times 100\% = \frac{P_u}{P_水} \eta_m = \frac{\rho g Q H}{\rho g (Q+q) H_T} \eta_m = \eta_v \eta_h \eta_m \qquad (2-8)$$

19

由式（2-8）可见，水泵的效率即总效率是三个效率（容积效率、水力效率与机械效率）的乘积。要提高水泵的效率，就要减少泵内各种损失。

五、允许吸上真空高度或必需汽蚀余量

允许吸上真空高度或必需汽蚀余量是表征叶片泵汽蚀性能的参数，用来确定泵的安装高程。常用 H_{sa} 或 $(NPSH)_r$ 表示，单位是 m。将在第四章详细介绍。

六、转速

转速是指泵轴每分钟旋转的周数，用 n 表示，单位是 r/min。铭牌上的转速是该台泵的设计转速，又称额定转速。常用的转速有 2900、1450、970、730、485r/min 等，一般口径小的泵转速高，口径大的泵转速低。

转速是影响水泵性能的一个重要参数，当转速变化时，水泵的其他五个性能参数都相应地发生变化。

第二节　水泵的基本方程

一、水流在叶轮内的运动

水泵工作时，水在叶轮内的运动是一种复合运动。当水流进入叶轮以后，其水流质点一方面随着旋转的叶轮做旋转运动，称为圆周运动，又称牵连运动。其运动速度称圆周速度，也称牵连速度。用符号 u 表示，其方向为圆周的切线方向。另一方面，同一水流质点沿着叶轮的槽道做相对叶轮的运动，称为相对运动。其相对速度用符号 w 表示，方向为运动轨迹的切线方向。水流质点相对于静坐标系的运动称绝对运动。绝对运动的速度用符号 c 表示。绝对运动速度 c 是圆周速度 u 与相对速度 w 的矢量和（图2-2）。可用下式表示：

$$\vec{c} = \vec{u} + \vec{w} \tag{2-9}$$

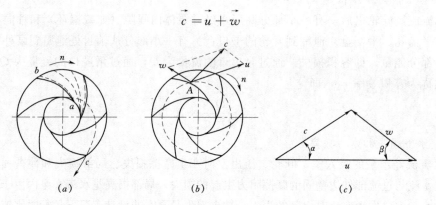

图 2-2　水流在叶轮内的运动

(a) 水流的运动轨迹；(b) 速度四边形；(c) 速度三角形

二、进、出口速度的三角形

式（2-9）的速度关系，见速度四边形［图2-2（b）］，可简化表示为速度三角形。但一般只计算叶轮进口和出口的速度三角形，称进口速度三角形和出口速度三角形，如图2-3所示。叶轮入口运动的几何参数值和性能参数值加下标"1"，叶轮出口运动的几何

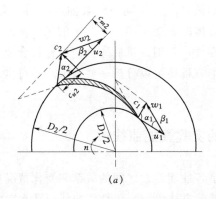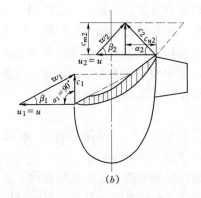

图 2-3 叶轮进、出口速度三角形

(a) 离心泵；(b) 轴流泵

参数值和性能参数值加下标"2"，以作为同名参数的区别。

绝对运动速度 c 可分解为两个互相垂直的分速度：一个是与圆周速度方向相同的分速度，称为圆周分速度，用符号 c_u 表示；另一个是与圆周速度方向相互垂直的分速度，称为轴面分速度，用符号 c_m 表示；速度三角形中，α 是绝对运动速度 c 与圆周速度的夹角，β 是相对运动速度 w 与圆周速度 u 的夹角。见图 2-4。

三、水泵的基本方程

水泵的基本方程是反映水泵理论扬程与液体在叶轮进出口运动状况变化的关系式。

液体在叶轮内的运动很复杂，为便于研究，对液体性质和在叶轮内的运动状况先作一些假定。

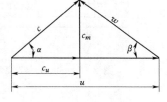

图 2-4 分速度三角形

(1) 液体为理想液体，即不考虑叶轮内液体运动的水力损失。

(2) 液体运动是均匀一致的，即认为叶轮的叶片为无限多而又无限薄，液体的流动与叶片的表面形状完全一致。

(3) 液体在叶轮内处于稳定的流动状态。此假定在叶轮转速不变，流量一定时，可认为基本与实际相符。

在上述假定下，应用动量矩定理把叶轮对液体做的功与叶轮进、出口液体运动状况变化联系起来，即可推出叶片泵的基本方程为

$$H_T = \frac{1}{g}(u_2 c_{u_2} - u_1 c_{u_1}) \qquad (2-10)$$

式（2-10）表明，液体流经旋转叶轮时，叶轮传递给单位重量水的能量就是扬程。故叶片泵的基本能量方程又称理论扬程方程。为了提高扬程和改善水泵性能，大多数叶片泵液流径向流入叶轮，即 $\alpha_1 = 90°$，$c_{u_1} = 0$，则

$$H_T = \frac{u_2 c_{u_2}}{g} \qquad (2-11)$$

叶片泵基本方程与叶片泵进出口速度三角形有关，它适用于一切叶片泵。基本方程与

21

被抽送的液体种类和性质无关,它适用于一切流体。对于同一台泵抽送不同的流体如水、空气时,所产生的理论扬程是相同的。但因流体的重度不同,泵产生的压力不同。所以安装在进水池水面以上的泵,起动前必须充水排气,否则开机后所抽空气柱折合成水柱相当微小,进水池中的水抽不上来。另外,用基本方程还可以分析一些水流现象对水泵运行的影响、离心泵与轴流泵叶轮的型式等。

第三节 水泵的实验性能曲线

水泵的性能参数是表征水泵性能的。水泵各性能参数之间的关系和变化情况可用一组性能曲线表示。对于某一型号的水泵,通过试验方法绘制一组性能曲线:在水泵的转速一

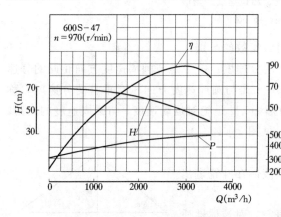

图 2-5 600S—47离心泵性能曲线

定时,以流量为横坐标,以扬程、轴功率、效率、允许吸上真空高度或必需汽蚀余量为纵坐标绘制的 $Q-H$、$Q-P$、$Q-\eta$ 及 $Q-H_{sa}$ 或 $Q-(NPSH)_r$ 曲线,称为水泵的实验性能曲线。不同型号水泵的实验性能曲线编制成水泵样本,使用时可在样本中查出。同时水泵样本中也给出了水泵的性能表,与性能曲线配合使用。图 2-5、图 2-6、图 2-7 及表 2-1、表 2-2、表 2-3 分别为 600S-47、40ZLQ—50 和 14HB—40 三种类型水泵的性能曲线和性能表,其特点各不相同,分述如下。

一、流量和扬程曲线 $Q-H$

三种泵的扬程曲线都是下降曲线,即扬程随着流量的增加而逐渐减小。但离心泵的扬程曲线下降较平缓。轴流泵的扬程曲线下降较陡,而且许多轴流泵在设计流量的 $40\%\sim60\%$ 时出现拐点,曲线呈马鞍形,这是一段不稳定的工作范围。当流量为零时,扬程出现最大值,约为额定扬程的 2 倍左右。混流泵的扬程曲线,介于离心泵与轴流泵之间。

二、流量功率曲线 $Q-P$

离心泵的功率曲线是一上升曲线,即功率随流量的增加而增加。当流量为零时,其轴功率最小,约为额定功率的 30% 左右。轴流泵的功率曲线是一下降

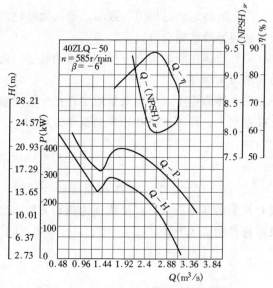

图 2-6 40ZLQ—50轴流泵性能曲线

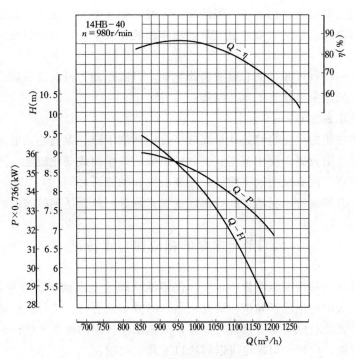

图 2 - 7 14HB—40 混流泵性能曲线

表 2 - 1   600S—47 型离心泵性能表

水泵型号	流 量 Q		扬 程 H（m）	转 速 n（r/min）	功率 P（kW）		效率 η（%）	必需汽蚀余量（$NPSH$）$_r$（m）
	m³/h	L/s			轴功率	配套功率		
600S—47	2500	694	56		460		83	
	3170	881	47	970	465	560	88	7.5
	3500	972	38		426		80	

表 2 - 2   40ZLQ—50 型轴流泵性能表

叶片安装角度	流 量 Q		扬 程 H（m）	转 速 n（r/min）	功率 P（kW）		效率 η（%）	必需汽蚀余量（$NPSH$）$_r$（m）	叶轮直径 D（mm）
	m³/h	L/s			轴功率	配套功率			
−6°	7920	2200	14.1		367		83.0	9.2	
	9000	2500	12.0	585	342	400	86.2	8.0	870
	10080	2820	9.0		300		82.3	8.1	

表 2 - 3   14HB—40 型混流泵性能表

水泵型号	流 量 Q		扬程 H（m）	转速 n（r/min）	功率 P（kW）		效率 η（%）	允许吸上真空高度 H_{sa}（m）	进出水口径（mm）	叶轮直径 D（mm）	重量（kg）
	m³/h	L/s			轴功率	配套功率					
14HB—40	1100	306	6.8		24.8		81.5				
	1000	278	8.1	980	25.9	30	85.5	5	360	378	330
	900	250	9.4		26.5		85.0				

注 表 2 - 1～表 2 - 3 中，表中上、下两行数据反映水泵在额定转速下高效区范围；中行数据是水泵在额定转速下
    最高效率点所对应的性能参数，为铭牌上所标定的额定值。

曲线，即功率随流量的增加而减小。当流量为零时，轴功率为额定功率的 2 倍左右。在小流量区，轴功率曲线也呈马鞍形。混流泵的功率曲线比较平坦，当流量变化时，功率变化很小。

从功率曲线的特点可知，离心泵应关阀起动，以减小动力机起动负载。轴流泵则应开阀起动，一般在轴流泵出水管上不装闸阀。

三、流量效率曲线 $Q-\eta$

三种泵效率曲线的变化趋势是从最高效率点向两侧下降。但离心泵的效率曲线变化比较平缓，高效区范围较宽，使用范围较大。轴流泵的效率曲线变化较陡，高效率区范围较窄，使用范围较小。混流泵的效率曲线介于离心泵和轴流泵之间。

泵运行时，应使运行工况落在高效率区或在其附近，从而达到较好的经济效果。

第四节　水泵的相似律与比转速

液体在泵内的运动情况相当复杂，至今仍不能从理论上准确算出叶片泵的性能参数，叶片泵的设计多采用理论计算和试验研究相结合的方法来进行。进行试验研究时，经常由于条件的限制，无法对原型泵直接进行试验，只能制作较小的模型泵进行试验。试验的理论基础是相似理论，应用相似理论可以解决以下几个问题：

（1）通过模型试验进行新产品的设计。

（2）根据挑选的水力模型进行相似设计，即换算出所要设计的水泵尺寸和性能。

（3）对同一台水泵，进行不同转速下的性能换算。

因此，相似理论不仅用于水泵的设计和试验方面，而且还用于解决水泵运行中的问题。

一、相似条件

两台水泵相似，必需满足几何、运动和动力相似。

1. 几何相似

如图 2-8 所示，几何相似就是两台泵过流部件任何对应尺寸的比值相等，对应点的安放角相等，糙率相似。对应尺寸比相等，即

$$\frac{D_1}{D_{1M}}=\frac{D_2}{D_{2M}}=\frac{b_2}{b_{2M}}=\cdots=\lambda \tag{2-12}$$

对应的安放角相等，即

$$\beta_1=\beta_{1M}, \quad \beta_2=\beta_{2M} \tag{2-13}$$

式中　M——下脚标表示模型，无下脚标为原型；

　　　　λ——模型缩小的比例尺。

糙率相似，即两台泵相对糙率相等。在工艺上要做到相对糙率相等尚有一定困难，但在几何相似中糙率占次要地位，为了简化起见，可忽略其影响。

2. 运动相似

运动相似就是两台泵叶轮相应点上液体的同名速度方向一致，大小成同一比例。即对应点上的速度三角形相似。由图 2-8 可以得出

$$\frac{c}{c_M} = \frac{w}{w_M} = \frac{u}{u_M} = \frac{nD}{n_M D_M} = \lambda \frac{n}{n_M} \tag{2-14}$$

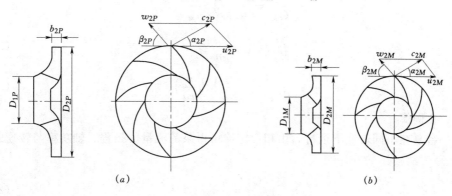

图 2-8 两台水泵的几何相似与运动相似

(a) 原型泵;(b) 模型泵

3. 动力相似

动力相似就是两台泵对应点所受力的性质和方向相同,大小成比例。作用在液流中的力有惯性力、压力、重力、粘性力等。这些力同时满足动力相似是有困难的,必须根据具体情况,按试验要求,抓起主导作用的某种力或某些力满足相似条件,而忽略一些次要的因素。

二、相似律

满足上述相似条件的两台泵,其主要性能参数之间的关系称为水泵的相似定律,它是相似原理的具体体现。相似定律主要包括如下几方面内容。

1. 流量相似定律

$$\frac{Q}{Q_M} = \left(\frac{D_2}{D_{2M}}\right)^3 \frac{n}{n_M} \frac{\eta_V}{\eta_{VM}} \tag{2-15}$$

上式表示两台相似水泵的流量与转速及容积效率的乘积成正比,与叶轮外径的三次方成正比,此式称为流量相似定律,又称第一相似律。

2. 扬程相似定律

$$\frac{H}{H_M} = \left(\frac{D_2 n}{D_{2M} n_M}\right)^2 \frac{\eta_h}{\eta_{hM}} \tag{2-16}$$

上式表示两台相似水泵的扬程与叶轮外径及转速的二次方成正比,与水力效率的一次方成正比,此式称为扬程相似定律,又称第二相似律。

3. 功率相似定律

$$\frac{P}{P_M} = \left(\frac{D_2}{D_{2M}}\right)^5 \left(\frac{n}{n_M}\right)^3 \frac{\eta_{mM}}{\eta_m} \frac{\rho g}{\rho_M g_M} \tag{2-17}$$

上式表示两台相似水泵的轴功率与叶轮外径的五次方成正比,与转速的三次方成正比,与机械效率成反比,与液体的密度及重力加速度的乘积成正比,此式称为功率相似定律,又称第三相似律。

如果原型泵与模型泵的尺寸相差不大,且转速也相差不大时,则各种效率可近似看成

相等。若 $\rho g = \rho_M g_M$，则三组相似律公式可简化为

$$\frac{Q}{Q_M} = \left(\frac{D_2}{D_{2M}}\right)^3 \frac{n}{n_M} \qquad (2-18)$$

$$\frac{H}{H_M} = \left(\frac{D_2 n}{D_{2M} n_M}\right)^2 \qquad (2-19)$$

$$\frac{P}{P_M} = \left(\frac{D_2}{D_{2M}}\right)^5 \left(\frac{n}{n_M}\right)^3 \qquad (2-20)$$

三、比例律

同一台泵在不同转速下运行，由相似定律可得泵的流量、扬程、轴功率与转速的关系为

$$\frac{Q_1}{Q_2} = \frac{n_1}{n_2} \qquad (2-21)$$

$$\frac{H_1}{H_2} = \left(\frac{n_1}{n_2}\right)^2 \qquad (2-22)$$

$$\frac{P_1}{P_2} = \left(\frac{n_1}{n_2}\right)^3 \qquad (2-23)$$

以上式中　Q_1、H_1 和 P_1——水泵转速为 n_1 时对应的流量、扬程和轴功率；

　　　　　Q_2、H_2 和 P_2——水泵转速为 n_2 时对应的流量、扬程和轴功率。

以上三个式子是相似定律的一个特例，称比例律。说明同一台泵，当转速改变时，流量与泵转速的一次方成正比；扬程与泵转速的二次方成正比；轴功率与泵转速的三次方成正比。比例律在泵站设计和管理运行中很有用处。由于泵的机械损失随泵转速的提高而增大，故比例律只适用于转速相差不大的场合。

四、比转速

比转速是一个表达水泵的流量、扬程和转速等参数关系的一个综合性指标，用 n_s 表示，可用于水泵的分类和比较，便于使水泵成为有系列的编制，方便选型。

1. 比转速公式

$$n_s = 3.65 n \frac{\sqrt{Q}}{H^{3/4}} \qquad (2-24)$$

式中　n——水泵的额定转速，r/min

　　　Q——水泵的额定流量，m^3/s；对于双吸泵，Q 应除以 2；

　　　H——水泵的额定扬程，m，对于多级泵 H 应除以级数。

比转速公式以抽清水为标准。

2. 比转速应用

由比转速公式可知，水泵的额定扬程 H 越高，额定流量 Q 越小，比转速 n_s 就越低，反之 H 越低，Q 越大，n_s 就越高，根据比转速大小，可对水泵进行分类，见表 2-4。

从表 2-4 可以看出，比转速在一定程度上反映了叶片泵叶轮的形状和尺寸，从而可对水泵进行分类。不同规格的叶轮随着比转速的增大，叶轮的外径 D_2 与其内径 D_0 的比值逐渐减小，相应的扬程逐渐降低，叶轮出口宽度 b_2 逐渐增加，相应流量逐渐增大。

表 2 - 4 比转速与叶轮形状及性能的关系

水泵类型	离 心 泵			混流泵	轴流泵
	低比转速	中比转速	高比转速		
比转速	$30\sim80$	$80\sim150$	$150\sim300$	$250\sim600$	$500\sim2000$
叶轮简图					
尺寸比 D_2/D_0	$3.0\sim2.5$	2.3	$1.8\sim1.4$	$1.2\sim1.1$	1.0
叶片形状	圆柱形叶片	进口处扭曲 出口处圆柱形	扭曲形叶片	扭曲形叶片	扭曲形叶片

第三章 水泵工作点的确定及调节

第一节 水泵工作点的确定

水泵工作点的确定，就是在水泵型号、管路系统及进水池、出水池水位确定的情况下，确定水泵实际运行时的扬程 H、流量 Q、功率 P、效率 η 和允许吸上真空高度 H_{sa} 或必须气蚀余量 $[NPSH]_r$ 等性能参数。合理地确定水泵的工作点，对泵站的设计及运行管理有着重要的意义。

一、管路系统特性曲线

水泵在工作时要配置适当的管路，包括直管、弯管、异径管和阀件等，形成管路系统。水流在管路系统中运行时，存在着水头损失。管路中的水头损失包括沿程水头损失和局部水头损失两部分。

（一）沿程水头损失

沿程水头损失是指水流流经管路时，水流与管路内壁发生摩擦所引起的能量损失。可用下式计算：

$$h_{沿} = \frac{l}{C^2 R} v^2 \quad (\text{m}) \tag{3-1}$$

式中 l——管路长度，m；

$\quad\quad v$——管路中水流的平均流速，m/s；

$\quad\quad R$——水力半径，m；

$\quad\quad C$——谢才系数，$\text{m}^{1/2}/\text{s}$；$C = 1/n R^{1/6}$，n 为管壁的粗糙系数，与管材有关，可查表确定。

一般泵站多选用圆管，设其直径为 d，则水力半径 $R = d/4$，代入式（3-1），整理得

$$h_{沿} = 10.29 n^2 \frac{l}{d^{5.33}} Q^2 \tag{3-2}$$

令

$$S_{沿} = 10.29 n^2 \frac{l}{d^{5.33}}$$

则

$$h_{沿} = S_{沿} Q^2 \tag{3-3}$$

式中 $S_{沿}$——管路的沿程水力阻力参数，s^2/m^5。当管材、管径及管路长度确定后，$S_{沿}$ 是一定值。

（二）局部水头损失

局部水头损失是指水流流经弯管、异径管、阀件时，由于其边界条件的突然变化，或水流方向的改变，使水流形态发生剧烈变化而引起的局部能量损失。可用下式计算：

$$h_{局} = \sum \zeta_i \frac{\upsilon_i^2}{2g} \quad （m） \tag{3-4}$$

式中　$\sum \zeta_i$——管道中局部水头损失系数之和，ζ_i 值与管件、阀件类型有关，可查图表；

　　　　υ_i——水流通过有关管件、阀件时的计算流速，m/s。

管路的管件、阀件常用圆形断面，设直径为 d，其断面面积为 $\pi d^2/4$，代入式（3-4），整理得

$$h_{局} = 0.083 \sum \frac{\zeta_i}{d_i^4} Q^2 \tag{3-5}$$

令　　　　　　　　$S_{局} = 0.083 \sum \frac{\zeta_i}{d_i^4}$

则　　　　　　　　$h_{局} = S_{局} Q^2 \tag{3-6}$

式中　$S_{局}$——管件、阀件的局部水力阻力参数，s^2/m^5。

（三）管路系统特性曲线

1. 管路的总水头损失

管路的总水头损失等于沿程水头损失与局部水头损失之和，即

$$h_{损} = h_{沿} + h_{局} \tag{3-7}$$

式中　$h_{损}$——管路的总水头损失，m。

将式（3-3）、式（3-6）代入式（3-7），则有

$$h_{损} = S_{沿} Q^2 + S_{局} Q^2 = SQ^2 \quad （m） \tag{3-8}$$

式中　S——管路总阻力参数，s^2/m^5；当管路系统确定后，S 是一定值。

2. 管路水头损失特性曲线

由式（3-8）看出：管路的水头损失与流量的平方成正比，设不同的 Q 值，可绘出一条通过坐标原点的 $Q-h_{损}$ 曲线，如图 3-1 所示，这就是管路水头损失特性曲线。

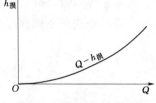

图 3-1　管路水头损失特性曲线

3. 管路系统特性曲线

求得管路水头损失特性曲线后，将其与泵站的净扬程相加，便可得到管路系统的特性

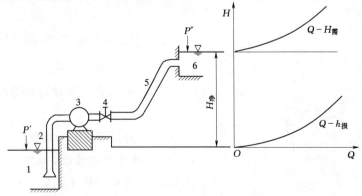

图 3-2　水泵管路系统特性曲线

1—进水池；2—进水管；3—泵；4—闸阀；5—出水管；6—出水池

曲线，如图 3-2 所示。可用下式表示：

$$H_需 = H_净 + h_损 = H_净 + SQ^2 \qquad (3-9)$$

式（3-9）表示顶点在 $Q=0$、$H=H_净$ 的一条二次抛物线，这就是水泵管路系统特性曲线。

二、工作点的确定

叶片泵性能曲线 $Q—H$ 随着流量的增大而下降，管路系统特性曲线 $Q—H_需$ 随着流量的增大而上升。将 $Q—H$ 曲线与 $Q—H_需$ 曲线画在同一个 Q、H 坐标内，则两条曲线的交点 A 即为水泵的工作点，如图 3-3 所示。A 点表明，水泵所能提供的扬程 H 与管路系统所需要的扬程 $H_需$ 相等。所以，A 点是供需的平衡点。从图 3-3 可以看出，如果水泵在 B 点工作，水泵供给的扬程大于需要的扬程，即 $H_B > H_需$，供需失去平衡。这时，多余的能量就会使管中流速增大，从而使流量增

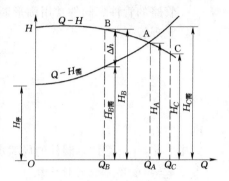

图 3-3　叶片泵工作点的确定

加，一直增至 Q_A 为止。相反，如果水泵在 C 点工作，则 $H_C < H_需$。这时，由于能量不足，管中流速降低，流量随着减少，直减至 Q_A 为止。工作点确定后，其对应的轴功率 P、效率 η 等参数，可从其相应的曲线上查得。水泵的工作点随着进、出水池水位、水泵性能、管路损失的不同而经常处于变动之中。

第二节　水泵并联运行工作点的确定

在泵站中，两台或两台以上的水泵同时向一根公共的管路供水至出水池，这种工作形式称为水泵的并联运行，目的是节省输水管路，长期运行比较经济，如图 3-4 所示。并联时水泵的扬程范围要在非常接近的基础上运行，否则，扬程的差距太大，难以形成并联工况。

一、两台同型号水泵对称布置并联工作点的确定

管路形式分为联接管和公共汇流管，由于并联运行，汇流管通过的流量为各个并联泵的流量之和，即

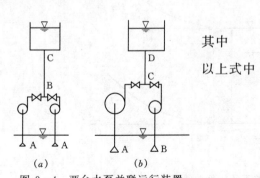

图 3-4　两台水泵并联运行装置

（a）同型号泵并联；（b）不同型号泵并联

$$H_需 = H_净 + S_1 Q^2 + S_2 Q_B^2 \quad （m） \qquad (3-10)$$

其中

$$Q_B = KQ \qquad (3-11)$$

以上式中　S_1——吸水管路和联接管路阻力参数，s^2/m^5；

S_2——公共管路阻力参数，s^2/m^5；

Q——单泵供水流量，m^3/s；

Q_B——并联后供水流量，m^3/s；

K——同型号并联运行水泵台数，两台同型号水泵并联，K 取 2。

将式（3-11）代入式（3-10），整理得

$$H_{需} = H_{净} + (S_1 + K^2 S_2)Q^2 \quad (m) \tag{3-12}$$

式（3-12）便是同型号水泵并联的管路系统特性曲线，即 Q—$H_{需}$ 曲线表达形式。

将水泵并联管路系统特性曲线 Q—$H_{需}$ 以相同比例绘在水泵的性能曲线图内，与 Q—H 曲线相交，即可得出工作点（图 3-5 中 C 点），依次读出各参数值。再用式（3—11）求出并联后的流量。

二、两台不同型号水泵不对称布置并联工作点的确定

1. 各管路系统特性曲线

（1）泵一的 Q_1—$H_{需1}$ 曲线：

$$H_{需1} = H_{净} + S_1 Q_1^2 + S_3 (Q_1 + Q_2)^2 \tag{3-13}$$

式中　$H_{需1}$——泵一的需要扬程，m；

　　　S_1——泵一的吸水管路与联接管路阻力参数，s^2/m^5；

　　　S_3——汇流管阻力参数，s^2/m^5；

　　　Q_1——泵一的流量，m^3/s；

　　　Q_2——泵二的流量，m^3/s。

（2）泵二的 Q_2—$H_{需2}$ 曲线：

$$H_{需2} = H_{净} + S_2 Q_2^2 + S_3 (Q_1 + Q_2)^2 \tag{3-14}$$

式中　$H_{需2}$——泵二的需要扬程，m；

　　　S_2——泵二的联接管路阻力参数，s^2/m^5。

2. 各泵性能曲线扣除联接管水头损失

（1）泵一的 Q_1—H_1 曲线减去联接管 $S_1 Q_1^2$，如图 3-6（a）虚线所示。

（2）泵二的 Q_2—H_2 减去 $S_2 Q_2^2$，如图 3-6（b）虚线所示。

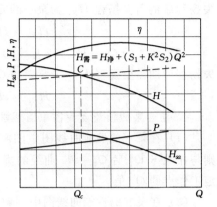

图 3-5　两台同型号水泵对称布置并联工作点的确定

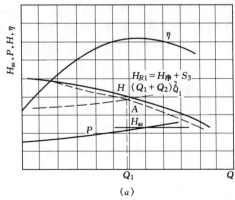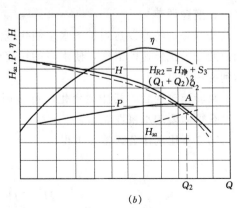

（a）　　　　　　　　　　　（b）

图 3-6　两台不同型号水泵不对称布置并联工作点的确定

（a）泵一工作点的确定；（b）泵二工作点的确定

3. 各泵管路系统特性曲线减去联接管水头损失

(1) 泵一的 $Q_1—H_{需1}$ 减去 $S_1Q_1^2$。由式（3-13）减去 $S_1Q_1^2$，则泵一扣除联接管损失扬程后的需要扬程 H_{R1} 为泵一的 $Q_1—H_{R1}$ 特性曲线：

$$H_{R1} = H_净 + S_3(Q_1 + Q_2)^2 \ （m） \tag{3-15}$$

(2) 泵二的 $Q_2—H_{需2}$ 减去 $S_2Q_2^2$。由式（3-14）减去 $S_2Q_2^2$，则泵二扣除联接管损失扬程后的需要扬程 H_{R2} 为泵二的 $Q_2—H_{R2}$ 特性曲线：

$$H_{R2} = H_净 + S_3(Q_1 + Q_2)^2 \ （m） \tag{3-16}$$

4. 在各泵的性能曲线图中图解求 Q_1 和 Q_2 值

(1) 在泵一的性能曲线图中图解 Q_1。在泵一的性能曲线图中，绘出 $Q_1—H_{R1}$ 曲线，则与扣除 $S_1Q_1^2$ 后 $Q_1—H_1$ 曲线的虚线的交点 A 即为并联工作时泵一的工作点，即可确定工作点的 Q_1 值。

(2) 在泵二的性能曲线图中图解 Q_2。在泵二的性能曲线图中，绘出 $Q_2—H_{R2}$ 曲线，则与扣除 $S_2Q_2^2$ 后 $Q_2—H_{R2}$ 曲线的虚线的交点 A 即为并联工作时泵二的工作点，便可确定工作点的 Q_2 值。

5. 求各泵的扬程

(1) 泵一的扬程 $H_{需1}$。将以上求出的 Q_1 与 Q_2 值代入式（3-15）即可求出 $H_{需1}$ 值。

(2) 泵二的扬程 $H_{需2}$。将以上求出的 Q_1 与 Q_2 值代入式（3-16）即可求出 $H_{需2}$ 值。

6. 其他各性能参数

各泵的工作点 Q_1 与 Q_2 所对应的各值在各个图中查出，方法与单机单泵运行时查法相同。

第三节 水泵工作点的调节

在选择和使用水泵时，如果运行工作点不在高效区，或水泵的流量、扬程不符合实际需要，这时可采用改变水泵性能或改变管路性能或两者都改变的方法来移动工作点，使之符合要求。这种方法称为水泵的工作点调节，常用调节方法分述如下。

一、变速调节

改变水泵的转速以达到扩大水泵使用范围的目的，称为变速调节。变速调节，一般可采用改变动力机转速的措施，使水泵的转速得以改变；另外可采用变速的传动设备，使水泵达到变速的目的。

水泵转速改变后，其性能变化，可应用比例律计算，使水泵的转速改变为需要的转速，以获得需要的水泵性能参数。

由第二章比例律公式整理可得

$$\frac{H_1}{H_2} = \frac{Q_1^2}{Q_2^2} \tag{3-17}$$

或

$$\frac{H_1}{Q_1^2} = \frac{H_2}{Q_2^2} = \frac{H}{Q^2} = K \tag{3-18}$$

即

$$H = KQ^2 \tag{3-19}$$

式中　Q——水泵的流量，L/s；

　　　H——水泵的扬程，m；

　　　K——比例系数。

式（3-19）是一条通过坐标原点的二次抛物线，如图 3-7 所示。在抛物线上的各点具有相似的工作状况，因此也称为相似工况抛物线。

在生产实践中，进行变速计算时，首先要有被调节水泵的性能曲线图，然后再知道要求的工作点 A_1（Q_1，H_1），因 A_1 点不在 $Q-H$ 曲线上，必须使水泵在转速为 n_1 时，才能在 A_1 点工作。

由 Q_1、H_1 用式（3-18）求出 K 值，再用式（3-19）在水泵性能曲线图中绘出相似工况抛物线，使之与 $Q-H$ 曲线交于 A（Q，H）点，查出 A 点的坐标值 Q 和 H。A 与 A_1 两点是相似工况点，现已知 Q_1、H_1 值，又查出了 Q 和 H 值。可用式（2-21）或式（2-22）求出 n_1 值。

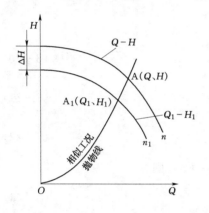

图 3-7　变速前后 $Q-H$ 曲线

和相似工况抛物线

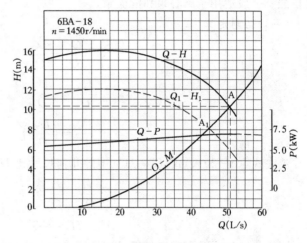

图 3-8　变速调节计算图

变速调节具有良好的节能效果，在叶片式水泵中广泛采用，但改变转速是有限度的，降低转速一般不低于水泵额定转速的 30%，否则水泵效率会明显下降；增加转速应征得水泵生产厂的同意，一般不超过水泵额定转速的 10%，否则可能造成动力机超载，水压升高、机组震动，损坏设备。

【例 3-1】　某水泵站有一台 6BA—18 型水泵，其额定转速 $n=1450$r/min。根据建泵站处的实际情况，要求有一台流量为 $Q_1=45$ L/s、扬程 $H_1=8$m 的水泵，而原泵用在本站时，对应流量 Q_1 处的扬程偏高，今拟采用变速调节满足当地工作点的要求。试求调节后的水泵转速 n_1 及轴功率各是多少？

解：已知 $Q_1=45$L/s，$H_1=8$m，$n=1450$r/min，性能曲线见图 3-8。

由式（3-18）得

$$K=\frac{H_1}{Q_1^2}=\frac{8}{45^2}=0.00395$$

则　　　　　　　　　　　　　　　$H=KQ^2=0.00395Q^2$

列表计算，设适当的流量变化绘制相似工况抛物线 $O-M$ 与 $Q-H$ 曲线相交于 A $(Q_A，H_A)$，读出 $Q_A=50.98$L/s，$H_A=10.3$m，$P_A=6.75$kW。

Q (L/s)	0	10	20	30	40	50	60
$H=0.00395Q^2$ （m）	0	0.395	1.580	3.555	6.320	9.875	14.220

由于 A 点与 A_1 点是相似工况点，利用比例律得水泵变速后的转速及轴功率为

$$n_1=nQ_1/Q_A=1450\times45/50.98=1280 \text{ r/min}$$

$$P_1=(n_1/n)^3 P=(1280/1450)^3\times6.75=4.64 \text{ kW}$$

二、变径调节

变径调节又称车削调节，它是通过车削叶轮外径改变水泵性能，达到调节水泵工作点的目的。一般适用于离心泵和混流泵。

（一）切割定律

$$\frac{Q_a}{Q}=\frac{D_{2a}}{D_2} \tag{3-20}$$

$$\frac{H_a}{H}=\left(\frac{D_{2a}}{D_2}\right)^2 \tag{3-21}$$

$$\frac{P_a}{P}=\left(\frac{D_{2a}}{D_2}\right)^3 \tag{3-22}$$

消去式（3-20）、式（3-21）中的几何尺寸比 D_{2a}/D_2，则有

$$\frac{H}{Q^2}=\frac{H_a}{Q_a^2}=K \tag{3-23}$$

即

$$H=KQ^2 \tag{3-24}$$

同样，这种公式形式也是通过坐标原点的二次抛物线，通常称为车削抛物线，如图3-9所示。

（二）变径调节的计算

1. 车削量计算

将需要车削后的工作点 A $(Q_A，H_A)$ 的 Q_A、H_A 的值代入式（3-23），求出 K 值，绘制车削抛物线，使其与水泵的未车削的 $Q-H$ 曲线相交，读出交点 B $(Q_B，H_B)$ 的坐标值。按下式计算车削量：

$$\Delta D=D_2-D_{2a} \tag{3-25}$$

式中　ΔD——计算车削量；

　　　D_2——叶轮外径，mm；

　　　D_{2a}——车削后的叶轮外径，mm；用式（3-20）或
　　　　　　式（3-21）计算。

2. 车削量的修正

如果用计算车削量去加工叶轮，实践证明误差较大，

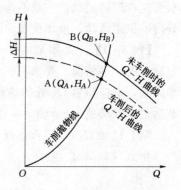

图 3-9　叶轮车削前后的 $Q-H$
曲线与车削抛物线

34

应用时会使水泵的效率降低过多，因而要进行车削量的修正。国产的离心泵可按下式修正：

$$\Delta D_a = k \Delta D \tag{3-26}$$

式中　　ΔD_a——修正后的车削量；

k——修正系数（与比转速 n_s 有关）。

修正系数值可用下式计算：

$$k = (0.8145 \sim 1.2013) - 0.001545 n_s \tag{3-27}$$

式（3-27）仅适用于低比转速的水泵。

3. 车削量的限制

水泵叶轮的车削量，对于不同的泵型应有一定的限制，否则会破坏水泵原来的构造，使水泵的效率过分降低。最大车削量及效率下降情况与比转速 n_s 有关，见表3-1。

表3-1　　水泵叶轮外径最大允许车削量

叶轮比转速 n_s	60	120	200	300	350	>350
最大允许车削量	20%	15%	11%	9%	1%	0
效率下降值	每车削10%，下降1%		每车削4%，下降1%			

4. 车削方式的选择

对于不同的叶轮应采用不同的车削方式，如图3-10所示。低比转速离心泵叶轮在前后盖板和叶片上进行等量车削；中、高比转速离心泵叶轮两边车削成不同的直径，内缘直径（进水侧）D'_{2a} 大于外缘直径 D''_{2a}，而 $D_{2a} = (D'_{2a} + D''_{2a})/2$；混流泵叶轮仅在混流泵叶轮的外缘将叶轮直径车小至 D'_{2a}，在轮毂外的叶片全部保留。

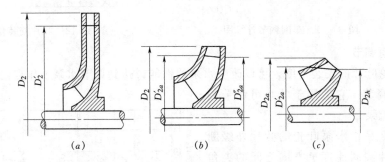

图3-10　叶轮的车削方式

（a）低比转速离心泵；（b）高比转速离心泵；（c）混流泵

【例3-2】　某泵站，已有一台8BA—12型离心泵，其叶轮直径 $D_2 = 315\text{mm}$，管路系统特性曲线 R 见图3-11，校核工作点a的扬程 $H_a = 27.0\text{m}$，用于本站，该泵的扬程偏高。根据当地实际情况，需要扬程只有 $H_c = 23\text{m}$，拟采用车削水泵叶轮直径的措施来满足当地的使用要求。试求该水泵叶轮的车削量。

解：如图3-11，已知该泵站实际需要扬程 $H_c = 23.0\text{m}$，通过 $H_c = 23\text{m}$ 作水平线，与管路系统特性曲线 R 曲线相交于 c（Q_c，H_c）点，查出该点的流量 $Q_c = 68\text{L/s}$。

由式（3-23）得

$$K = \frac{H_c}{Q_c^2} = \frac{23}{68^2} = 0.00497$$

则
$$H = KQ^2 = 0.00497Q^2$$

列表计算（见表 3-2），设适当的流量变化。绘制车削抛物线 O—M，与原泵的 Q—H 曲线相交于 b（Q_b，H_b）点，读出 $Q_b = 77\text{L/s}$，或读出 $H_b = 29\text{m}$，则

$$D_{2a} = Q_c D_2 / Q_b = 68 \times 315 \div 77 = 278.2 \text{ mm}$$

计算车削量为　　　$\Delta D = D_2 - D_{2a} = 315 - 278.2 = 36.8 \text{ mm}$

实际车削量为　　　$\Delta D_a = k \Delta D = (1 - 0.001545\, n_s) \times 36.8$

$$= (1 - 0.001545 \times 120) \times 36.8$$

$$= 29.98 \text{ mm}$$

表 3-2　　　　　　　　　　计 算 结 果

Q（L/s）	0	20	40	60	70	80	100
$H = 0.004\,97Q^2$（m）	0	1.99	7.95	17.89	24.35	31.81	49.70

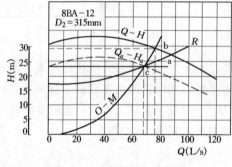

图 3-11　车削调节计算图

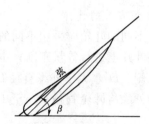

图 3-12　叶片安装角

三、变角调节

改变叶轮叶片的安装角度，可以改变水泵的性能，达到调节水泵工作点的目的，称为水泵的变角调节。它适用于叶片可调节的轴流泵或混流泵。

安装角度是指水泵叶轮的叶片外缘断面的弦与叶片圆周速度负方向之间的夹角 β。叶片的弦是指工作面一侧断面上下两端的连线，如图 3-12 所示。

以图 3-13 的 20ZLB—70 型轴流泵为例来说明调节方法。在轴流泵通用性能曲线图中已经绘出了管路系统特性曲线，如 1、2、3 这三条曲线。设动力机输出功率 60kW。

在设计工况时，管路系统特性曲线为 2 线，进水池是设计水位，设计安装角度 $\beta = 0°$，$Q = 580\text{L/s}$，$P = 48\text{kW}$，$\eta > 81\%$；当在最小净扬程运行时，即管路系统特性曲

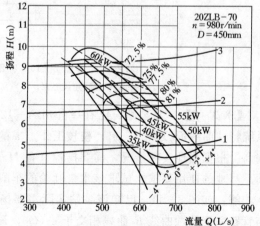

图 3-13　20ZLB—70 型轴流泵通用性曲线

1—最小净扬程时 Q—$H_需$ 曲线；
2—设计净扬程时 Q—$H_需$ 曲线；
3—最大净扬程时 Q—$H_需$ 曲线

线为 1 线时，如果依然在 $\beta=0°$ 时运行，$Q=660\text{L/s}$，$P=38.5\text{kW}$，$\eta>81\%$，轴功率较小，则动力机的负荷不足，形成动力积压现象，因此要进行变角调节，充分发挥动力作用。调节安装角至 $\beta=+4°$ 时运行，这时 $Q=758\text{L/s}$，$P=46\text{kW}$，$\eta=81\%$。可保持高效率，增加了流量，使动力充分发挥出来；当进水池水位下降，管路系统特性曲线为 3 线时，如还依然保持在 $\beta=+4°$ 运行，这样 $Q=540\text{L/s}$，$P>60\text{kW}$，$\eta<72.5\%$。动力机要超负荷运行，而且效率又低，调节安装角至 $\beta=-2°$ 时运行，这样 $Q=425\text{L/s}$，$P=51.7\text{kW}$，$\eta=73\%$。虽然流量偏小些，但动力机输出功率减少了，防止了动力机超负荷运行。

四、变阀调节

变阀调节就是通过改变水泵出水管上的闸阀开启度，使管路的系统性能改变，达到调节工作点的目的。又称节流调节。这种调节方式使管中阻力损失增加，很不经济。但由于简单易行，在水泵的性能实验中广泛采用。实践中，离心泵机组常用闸阀来调节流量，防止过载和汽蚀。

第四章 水泵的汽蚀与安装高程

第一节 水泵的汽蚀及其危害

一、水泵汽蚀

(一)汽蚀的概念

汽蚀是水力机械中的一种异常现象。在介绍水泵汽蚀之前,首先介绍水的汽化。水的汽化与温度和压力有关。在一定的温度下,水开始汽化的临界压力称为该温度下的饱和汽化压力。水在不同水温下的饱和汽化压力见表4-1。

表 4-1　　　　　　　　　　　水温和饱和汽化压力关系

水　温 (℃)	0	10	20	30	40	50	60	70	80	90	100
饱和汽化压力 P_v $(10^{-3}Pa)$	0.6080	1.2258	2.3340	4.2365	7.3746	12.3270	19.9173	31.1557	47.3631	70.1077	101.3223

水泵运行时,由于某些原因而使泵内局部位置的压力降低到水的饱和汽化压力时,水产生汽化,并产生大量汽泡。从水中离析出来的大量汽泡随着水流向前运动,达到高压区时受到周围液体的挤压而溃灭,气泡又重新凝结成水。汽泡破灭时,水流质点从四周以高速向气泡中心冲击,产生强烈的局部水锤。这种现象就是水泵的汽蚀现象。

(二)汽蚀的类型

水泵常见汽蚀有三种类型。

1. 叶面型汽蚀

叶面型汽蚀是发生在叶片表面的汽蚀。汽蚀发生在叶片正面、背面或前盖板的内表面等部位,如图4-1、图4-2所示。

离心泵在大流量时,叶面汽蚀发生在1、4、3几个部位,小流量时,发生在2、4、1几个部位。轴流泵在大流量时叶面汽蚀发生在叶片的正面,小流量时发生在叶片的背面。

2. 间隙汽蚀

间隙汽蚀发生在轴流泵叶轮中心线相应的轮毂上,同时也发生在叶片的端部,如图4-2中3所示。在离心泵的减漏环与叶轮边缘间隙处,亦会引起间隙型汽蚀。

3. 涡带汽蚀

涡带型汽蚀是由于进水池设计不当,造成了在水泵的进口处水流的紊乱和旋涡,产生了涡带,把大量的气体周期性地带入泵内,助长或加重了叶面汽蚀。

二、汽蚀的危害

1. 水泵性能恶化

水泵发生汽蚀时,因水流中含有气泡,引起水泵的性能恶化。这对不同种类的水泵有

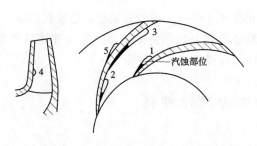

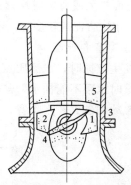

图 4-2 轴流泵汽蚀发生部位

1—叶片正面汽蚀；2—叶片背面汽蚀；

3—间隙汽蚀；4—轮毂体表面汽蚀；

5—导叶汽蚀

图 4-1 离心泵汽蚀产生部位

1、5—叶片正面汽蚀；4—前盖板汽蚀；

2、3—叶片背面汽蚀

不同的影响。

离心泵叶槽狭长，宽度较小，气泡迅速占据部分槽道甚至全部槽道，使水流的连续性遭到破坏，引起水流的阻断，水泵的 $Q—H$ 曲线急剧下降，造成水泵的效率随着降低，如图 4-3（a）所示。

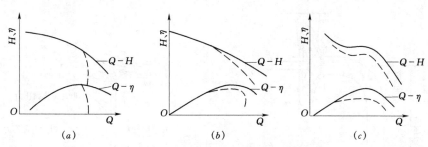

图 4-3 水泵发生汽蚀时的性能曲线

（a）离心泵；（b）混流泵；（c）轴流泵

混流泵，由于叶槽较宽，气泡占据叶槽断面的某一部分，因此出现 $Q—H$ 曲线较平坦的下降，效率的下降也较为缓慢，如图 4-3（b）所示。

轴流泵的叶槽粗短，汽蚀区不易侵入整个叶槽，因此 $Q—H$ 曲线几乎均匀下降，而且缓慢，无明显断裂现象，如图 4-3（c）所示。

2. 水泵过流部件发生破坏

当气泡受高压水流挤压破灭，高压水流冲向汽泡中心时，由于很强的冲击碰撞，产生剧烈的水锤。根据试验资料分析：发生水锤的频率很高，每分钟可达几万次，瞬时局部压力可达几十兆帕，甚至达几百兆帕。由于水锤的打击作用，使金属部件的表面局部产生塑性变形和硬化，即金属疲劳现象。材料性质变脆，产生裂纹和剥落。严重时会形

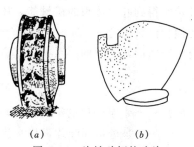

图 4-4 汽蚀破坏的叶片

（a）双吸泵叶片；（b）轴流泵叶片

成麻点,进而扩大成海绵或蜂窝状,直至大片脱落而破坏。同时,在汽蚀过程中还有"电蚀"现象。水中含泥沙较多时,还伴随着磨蚀破坏。汽蚀破坏的叶片,如图4-4所示。

3. 产生噪音和振动

水泵发生汽蚀时,水流质点互相碰撞和挤压,会产生剧烈的振动,造成机组零部件的破坏,严重时水泵不能抽水,甚至造成水泵装置和泵房结构的破坏,危及建筑物的安全。由于气泡振动和破灭产生噪音,危害泵站中运行操作人员的健康。

第二节　水泵的汽蚀性能

一、汽蚀基本方程

泵在运行时是否产生汽蚀,与泵本身抗汽蚀性能、泵吸水装置系统等因素有关。离心泵的吸水装置如图4-5所示。水泵运行时,由于叶轮高速旋转,在其入口处形成了真空,进水池中的水流在大气压的作用下经过吸水管流至水泵进口,再从泵进口流入叶槽。绝对压力沿程减少,到进入叶轮后,在叶片背面水流以相对速度w_1绕流叶片进口边,由于急转弯,流速加大,在叶片背面靠进口的k点处压力降到最低值,k点是水泵内最容易产生汽蚀的点,如图4-6所示。水泵是否会产生汽蚀,取决于k点处的压力值。以后,水流

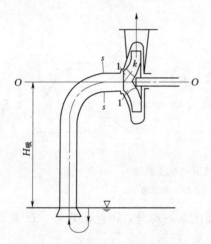

图4-5　离心泵吸水装置简图

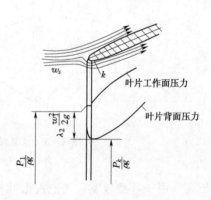

图4-6　水流绕流叶片头部时的压力变化

在叶轮中得到叶片传来的机械能,压力迅速上升。当k点处的压力值下降到该泵工作水温下的饱和汽化压力$p_汽$时,水泵处于汽蚀的临界状态,汽蚀基本方程正是表征水泵汽蚀条件与影响诸因素之间的关系式,其表达式如下:

$$\frac{p_s}{\rho g} + \frac{v_s^2}{2g} - \frac{p_汽}{\rho g} = \lambda_1 \frac{v_0^2}{2g} + \lambda_2 \frac{w_1^2}{2g} \tag{4-1}$$

式中　p_s——水泵进口的绝对压力,kPa;

v_s、v_0——泵进口和叶片进口水流的平均流速,m/s;

w_1——叶片进口水流的相对流速,m/s;

λ_1、λ_2——与泵吸入室结构及叶轮入口几何形状等有关的压降系数。

40

二、汽蚀余量

汽蚀余量有两种概念：一是装置汽蚀余量；另一是必需汽蚀余量。下面分别进行讨论。

1. 装置汽蚀余量 $(NPSH)_a$

装置汽蚀余量是指水泵吸水管路系统给予水泵进口处超过汽化压力水头的能量（就是水流在进入水泵进口前超过汽化压力水头的可供使用的能量），汽蚀基本方程左边即为装置汽蚀余量，用符号 $(NPSH)_a$ 表示。

$$(NPSH)_a = \frac{p_s}{\rho g} + \frac{v_s^2}{2g} - \frac{p_汽}{\rho g} \tag{4-2}$$

现列出进水池水面到 s—s 断面的能量方程式，进水池水面流速水头忽略不计，得

$$-H_吸 + \frac{p_a}{\rho g} = \frac{p_s}{\rho g} + \frac{v_s^2}{2g} + h_吸 \tag{4-3}$$

整理后得

$$\frac{p_s}{\rho g} + \frac{v_s^2}{2g} = \frac{p_a}{\rho g} - H_吸 - h_吸 \tag{4-4}$$

式中　$p_a/\rho g$——进水池水面的绝对压力水头，m；

　　　　$H_吸$——水泵的吸水高度，m；

　　　　$h_吸$——吸水管路的水头损失，m。

将式（4-4）代入式（4-2），得

$$(NPSH)_a = \frac{p_a}{\rho g} - \frac{p_汽}{\rho g} - H_吸 - h_吸 \tag{4-5}$$

由式（4-5）可知，$(NPSH)_a$ 就是进水池绝对压力水头超过水流的汽化压值 $(P_a/\rho g - P_汽/\rho g)$，将水提高到 $H_吸$，并克服进水管路的水头损失 $h_吸$ 后的剩余水头。它与进水池水面的大气压力、饱和汽化压力、水泵的吸水高度和进水管路的水头损失等有关，即只由水泵吸水管路的装置条件及通过的流量所决定的，与水泵的自身构造无关。在海拔和水温一定的情况下，p_a、$p_汽$ 是一确定的值，水泵的吸水高度 $H_吸$ 越高，$(NPSH)_a$ 越小，也即装置给水泵提供的汽蚀余量越小，水泵出现汽蚀的可能性就越大。

2. 必需汽蚀余量 $(NPSH)_r$

前已述及，水流从泵进口流入叶轮至压力最低点 k 产生不可避免的压力下降。若压力降低到使水泵内压力最低点 k 的压力等于或低于该工作水温下的汽化压力时，则泵内必然发生汽蚀。为了使泵不发生汽蚀，泵进口处必需具有的超过饱和汽化压力水头的最小能量称必需汽蚀余量 $(NPSH)_r$。

当 k 点的压力下降到等于泵工作温度下的饱和汽化压力时，此时的汽蚀余量称临界汽蚀余量 $(NPSH)_c$。汽蚀基本方程右边表示的就是临界汽蚀余量，即

$$(NPSH)_c = \lambda_1 \frac{v_0^2}{2g} + \lambda_2 \frac{w_1^2}{2g} \tag{4-6}$$

上式右边第一项表示叶片进口边前缘所具有的流速水头和泵吸水室水头损失引起的压力下降；第二项表示水流流过叶片头部引起的压力下降，如图 4-7 所示。从该图可以看

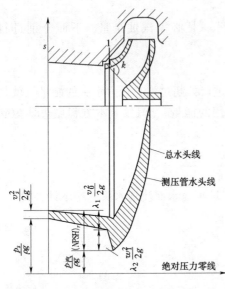

图 4-7 水流进入水泵入口后
能量变化示意图

出，当 $(NPSH)_a > (NPSH)_c$ 时，装置给水泵提供的汽蚀余量大于该泵临界汽蚀余量，水泵不至于发生汽蚀。当 $(NPSH)_a = (NPSH)_c$ 时，处于临界状态，泵开始发生汽蚀。当 $(NPSH)_a < (NPSH)_c$ 时，泵内发生汽蚀，泵运行不安全。

根据式（4-6）计算 $(NPSH)_c$，因在非设计工况下，λ_1、λ_2 值变动较大难以精确计算，通常采用试验方法确定。泵的汽蚀试验是在保持一定的转速和流量下，改变水泵装置情况，当泵内开始发生汽蚀时的装置汽蚀余量 $(NPSH)_a$ 即为临界汽蚀余量 $(NPSH)_c$。为了保证水泵安全工作，加 0.3m 安全量作为不产生汽蚀需要的最小汽蚀余量，即必需汽蚀余量 $(NPSH)_r$，可从水泵样本上查得。必需汽蚀余量 $(NPSH)_r$ 是表征水泵汽蚀性能的参数，是计算水泵安装高程的依据。在相同的流量和转速条件下，$(NPSH)_r$ 值愈小，泵的抗汽蚀性能愈好；反之抗汽蚀性能就愈差。为了使泵不发生汽蚀，必须使 $(NPSH)_a > (NPSH)_r$。

三、吸上真空高度

（一）吸上真空高度

吸上真空高度是指水泵进口处水流的绝对压力水头 $p_s/\rho g$ 小于大气压力的值，即是安装在水泵进口处真空表的读数，用符号 H_{sa} 表示。

由式

$$\frac{p_s}{\rho g} + \frac{v_s^2}{2g} = \frac{p_a}{\rho g} - H_{吸} - h_{吸}$$

知

$$\frac{p_a}{\rho g} - \frac{p_s}{\rho g} = H_{吸} + \frac{v_s^2}{2g} + h_{吸} \qquad (4-7)$$

令

$$\frac{p_a}{\rho g} - \frac{p_s}{\rho g} = H_s$$

则

$$H_s = H_{吸} + \frac{v_s^2}{2g} + h_{吸} \qquad (4-8)$$

式中 H_s——真空表的读值，m。

由式（4-8）可见，水泵的吸上真空高度 H_s 比水泵的吸水高度 $H_{吸}$ 多一项水泵进口的流速水头 $v_s^2/2g$ 和水泵吸水管路的水头损失 $h_{吸}$。如果水泵在某一个流量下运行，则 $v_s^2/2g$ 项是一个定值，当然 $h_{吸}$ 也是一个定值。可见 H_s 是随着水泵吸水高度 $H_{吸}$ 的增加而增加的，当 $H_{吸}$ 值增加到某一个值时，水泵就要发生汽蚀，这时得到的 H_s 值称最大吸上真空高度，又称临界吸上真空高度，以符号 H_{sc} 表示。该值可通过试验方法求得。

为了避免汽蚀现象的发生，同时又要尽可能具有较大的吸上真空高度，规定留有

0.3m 的安全余量，即

$$H_{sa} = H_{sc} - 0.3 \text{（m）} \tag{4-9}$$

式中　H_{sa}——允许吸上真空高度，m。

H_{sa} 值可从水泵样本中查得。水泵的允许吸上真空高度 H_{sa} 值越高，说明抗汽蚀性能越好。水泵运行时，水泵运行时的吸上真空高度 H_s 不应超过规定的 H_{sa} 值，即 $H_s < H_{sa}$。

在我国，离心泵和蜗壳式的混流泵用 H_{sa} 值进行水泵安装高程的计算。H_{sa} 和 $(NPSH)_r$ 都是表征水泵抗汽蚀性能的参数。

（二）允许吸上真空高度与必需汽蚀余量的关系

由式（4-7）、式（4-8）可知

$$\frac{p_s}{\rho g} = \frac{p_a}{\rho g} - H_s \tag{4-10}$$

将式（4-10）代入式（4-7），得

$$(NPSH)_a = \frac{p_a}{\rho g} - \frac{p_汽}{\rho g} - H_s + \frac{v_s^2}{2g} \tag{4-11}$$

当水泵开始发生汽蚀时，$(NPSH)_a = (NPSH)_r$，这时所对应的吸上真空高度为临界吸上真空高度，即 H_{sc}，而式（4-11）可改写为

$$(NPSH)_r = \frac{p_a}{\rho g} - \frac{p_汽}{\rho g} - H_{sc} + \frac{v_s^2}{2g} \tag{4-12}$$

再将式（4-12）改写为

$$(NPSH)_r = \frac{p_a}{\rho g} - \frac{p_汽}{\rho g} - H_{sa} + \frac{v_s^2}{2g} \tag{4-13}$$

由式（4-13）可知，必需汽蚀余量 $(NPSH)_r$ 和允许的吸上真空高度 H_{sa} 之间是有内在联系的。但是，$(NPSH)_r$ 是结合整个水泵系统来分析的，更能说明水泵汽蚀的物理现象，且使用 $(NPSH)_r$ 来计算水泵的安装高程比较方便，故在国内外已普遍采用。

第三节　水泵安装高程的确定

水泵基准面高程称为水泵的安装高程。水泵基准面如图 4-8 所示。水泵的安装高程直接影响水泵的吸水性能和泵站的土建费用。水泵安装得过低，泵房土建投资增大，施工难度增加；过高则水泵产生汽蚀。因此，只有合理确定水泵的安装高程，才能尽量降低泵站的造价，保证水泵的正常运行，防止汽蚀现象的发生。水泵安装高程的确定在泵站的规划设计中具有非常重要的意义。

一、用必须汽蚀余量 $(NPSH)_r$ 计算 $H_{允吸}$

由式（4-5）得

$$H_{吸} = \frac{p_a}{\rho g} - \frac{p_汽}{\rho g} - (NPSH)_a - h_{吸} \tag{4-14}$$

用 $(NPSH)_r$ 代替上式的 $(NPSH)_a$，得水泵允许吸水高度为

$$H_{允吸} = \frac{p_a}{\rho g} - \frac{p_汽}{\rho g} - (NPSH)_r - h_{吸} \tag{4-15}$$

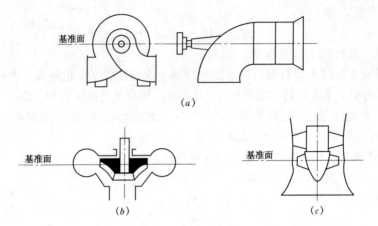

图 4-8 叶片泵的基准面

（a）卧式水泵（通过水泵轴线的平面）；（b）立式离心泵与混流泵

（通过第一级叶轮出口中心的水平面）；（c）立式轴流泵

（通过叶轮轴线的水平面）

在标准状况下（即一个标准大气压力，水温为 20℃）$\dfrac{p_a}{\rho g} - \dfrac{p_汽}{\rho g} = 10.09$，则

$$H_{允吸} = 10.09 - (NPSH)_r - h_吸 \qquad (4-16)$$

必须指出的是，水泵厂提供的 $(NPSH)_r$ 是额定转速时的值，若水泵工作转数 n_1 与额定转数 n 不同，则按下式修正

$$(NPSH)_{r1} = (NPSH)_r \left(\dfrac{n_1}{n}\right)^2 \qquad (4-17)$$

式中 $(NPSH)_r$、$(NPSH)_{r1}$——修正前、后工作点的必需汽蚀余量。

二、用允许吸上真空高度 H_{sa} 计算 $H_{允吸}$

由式（4-8）得

$$H_吸 = H_s - \dfrac{v_s^2}{2g} - h_吸 \qquad (4-18)$$

用 H_{sa} 代替上式的 H_s，得水泵允许吸上高度为

$$H_{允吸} = H_{sa} - \dfrac{v_s^2}{2g} - h_吸 \qquad (4-19)$$

水泵厂提供的 H_{sa} 值，是在标准状况下，在额定转速下以抽清水测得的。当水泵的使用条件为非标准状况时，应进行下列修正：

（1）转速修正：

$$H'_{sa} = 10 - (10 - H_{sa}) \left(\dfrac{n'}{n}\right)^2 \qquad (4-20)$$

式中 H_{sa}、H'_{sa}——修正前、后工作点的允许吸上真空高度，m；

n、n'——修正前、后的转速，r/min。

（2）气压和温度的修正：

$$H''_{sa} = H'_{sa} - \left(10.33 - \dfrac{p_a}{\rho g}\right) - \left(\dfrac{p_汽}{\rho g} - 0.24\right) \qquad (4-21)$$

式中 $\dfrac{p_a}{\rho g}$ ——水泵安装地点的大气压头，m；由表 4-2 取值；

$\dfrac{p_汽}{\rho g}$ ——工作水温下的饱和汽化压力水头，m；由表 4-1 取值。

表 4-2 不同海拔高程大气压头值

海拔高度 (m)	0	100	200	300	400	500	600	700	800	900	1000	2000	3000	4000	5000
$p_a/\rho g$ (m)	10.33	10.22	10.11	9.97	9.89	9.77	9.66	9.55	9.44	9.33	9.22	8.11	7.47	6.52	5.57

三、水泵安装高程的确定

水泵的安装高程为

$$\nabla_安 = \nabla_{min} + H_{允吸} \tag{4-22}$$

式中 $\nabla_安$、∇_{min} ——水泵基准面高程和进水池最低运行水位，m。

需要指出的是，$(NPSH)_r$、H_{sa} 随流量的变化而变化。$(NPSH)_r$、H_{sa} 应按水泵运行时可能出现的最大、最小净扬程所对应的 $(NPSH)_r$ 或 H_{as} 值进行计算，将算出的 $H_{允吸}$ 加上相应进水池的水位，得到最大、最小净扬程时的安装高程，然后进行比较，选最低的 $\nabla_安$ 作为水泵的安装高程。如果算出的 $H_{允吸}$ 为正值，表示该水泵可以安装在进水池水面以上，但立式轴流泵为便于启动和使管口不产生有害的旋涡，要求叶轮的中心线淹没于水面以下 0.5~1.0m。若 $H_{允吸}$ 为负值，表示该水泵必须安装在水面以下，其淹没深度不小于上述求得的数值，且不小于 0.5~1.0m。

第四节 减轻汽蚀的措施

水泵的汽蚀是由水泵自身的性能和装置的使用条件决定的。为防止水泵汽蚀，一方面应提高水泵自身的抗汽蚀性能，另一方面则应合理布置水泵的吸水管路系统，使水泵合理地运行。

减轻水泵的汽蚀，在安装使用方面应注意以下几点：

（1）正确地确定水泵的安装高程。在设计水泵站时，应使水泵装置的汽蚀余量大于或等于水泵的必需汽蚀余量，或者水泵进口的吸上真空高度小于或等于水泵的允许吸上真空高度。

（2）尽量减小水泵吸水管路的水头损失。设计水泵的吸水管路时，应尽量短，适当增加管路的直径，减少不必要的管件，除了需要安装检修阀外，不要在吸水管上安装任何闸阀，进水管要选择粗糙度小的材料。

（3）合理设计进水池。进水池中的水流要平稳均匀，不产生旋涡和偏流。此外，要及时清除进水池的污物和淤泥，使水流通畅，流态均匀，还要保证进水喇叭口有足够的淹没深度。

（4）水泵运行中正确调节工作点。对于可进行变角调节的水泵，调节水泵的安装角，使工作点移到 $(NPSH)_r$ 较小的区域；对于离心泵适当减小流量，使工作点左移可减小

（$NPSH$）$_r$ 或增大 H_{sa}，以减轻水泵汽蚀。

（5）提高水泵叶轮和过流部件的光洁度。水泵叶轮表面和其他过流部件光洁度越高，抗汽蚀性能越好，叶面产生汽蚀的可能性也较小。

（6）降低水泵的工作转速。降低水泵的工作转速，实际上是减小水泵的流量，增加抗汽蚀能力。

（7）涂环氧树脂。在水泵的过流部件易发生汽蚀部位，涂一层环氧树脂，可提高叶轮表面的光洁度，修补表面被汽蚀的部位。

（8）控制水源泥沙。水源泥沙较多，会加剧水泵过流部件的磨损，同时使水泵的汽蚀性能恶化。因此，水源含沙量必须加以控制。

第五章 水泵的选型与配套

水泵、动力机、传动设备、管路及管路附件的选配是否合理，直接影响到泵站能否满足排灌要求，同时也影响到工程投资、泵站效率、能源单耗、排灌成本及安全运行等。因此，必须认真作好水泵的选型与配套工作。

第一节 水泵的选型

水泵是水泵站的主要设备，合理选择水泵是水泵站设计的一项重要工作。

一、水泵选型的原则

（1）在设计扬程下，泵站的提水流量应满足灌排设计流量的要求。

（2）水泵在长期运行中，多年平均的泵站效率高、运行费用低。水泵在最高、最低扬程下运行，应保证运行稳定。

（3）多种泵可供选择时，应考虑机组运行调度灵活、可靠，设备投资和土建投资省、运行费用低等。条件相同时，应优先选用卧式离心泵。

（4）便于运行和管理。

（5）选用系列化、标准化的以及更新换代的产品。

二、水泵选型的方法和步骤

（1）根据平均扬程，在水泵产品样本或有关手册上，利用"水泵性能表"初步选出扬程符合要求而流量不等的几种水泵，并根据排灌设计流量及每种泵型的设计流量，算出每种泵型所需要的台数。

（2）据初步选出的水泵，确定管径及管路的具体布置，作出管路系统特性曲线。由泵性能曲线和管路系统特性曲线求出在设计、平均、最高和最低扬程时的工作点。校核所选水泵在设计扬程下水泵的流量是否满足要求。在平均扬程下水泵是否在高效区运行，在其他扬程下能否保持水泵运行的稳定性。如果不符合要求，可采用调节措施或另选泵型，使其尽可能在合理范围内运行。

（3）据选型原则，对各种方案进行全面的技术经济比较，选出其中最优泵型和台数。

三、选型中的几个问题

1. 平均扬程的确定

在水泵的选型阶段，平均扬程可由规划的平均净扬程加损失扬程估算值确定。损失扬程的估算详见表 5-1，水泵口径与流量

表 5-1 管路水头损失估算表

净扬程 （m）	管路直径（mm）		
	<200	250~350	>350
	损失扬程相当于净扬程的百分数（%）		
10 以下	30~50	20~40	10~25
10~30	20~40	15~30	5~15
30 以上	10~30	10~20	3~10

的关系见表 5-2。

表 5-2　　　　　　　　　　　　水泵进口直径与流量对照表

水泵进口直径	流　　量		水泵进口直径	流　　量	
（mm）	L/s	m³/h	（mm）	L/s	m³/h
75	7～20	25～70	400	400～480	1450～1700
100	18～35	65～125	500	400～700	1450～2500
150	30～55	110～200	600	650～1000	2300～3600
200	55～95	200～340	800	1300～1800	4600～6500
250	90～170	320～600	900	1500～2000	5400～7200
300	140～280	500～1000	1000	2000～3000	7200～10800
350	220～450	800～1600	1200	2500～3500	9000～12500

2. 水泵类型选择

水泵类型主要根据扬程选择，农田灌溉与排水，常用有离心泵、轴流泵、混流泵等。一般情况下，泵站设计扬程小于 10m，宜选用轴流泵；5～20m，宜选用混流泵；20～100m，宜选用单级离心泵，大于 100m 时可选用多级离心泵。当混流泵与轴流泵都可使用时，应优选混流泵，当离心泵与混流泵都可使用时，若扬程变化较大，一般宜选用离心泵。

3. 水泵台数的确定

水泵台数应是满足泵站设计流量要求的工作机组水泵台数与备用机组水泵台数之和。确定时应考虑以下几个方面因素：

（1）建设费与运行费。建设费用包括机电设备与土建工程费。一般在同样流量情况下，机组台数越少，建设费和运行费越小。

（2）运行管理。一般来说，机组台数少，管理运行较方便，需要的运行管理人员少。

（3）流量调节能力。机组台数少，流量调节能力较差，一旦机组发生故障，对全站生产有较大影响。

（4）备用机组。备用机组主要是满足设备检修、用电避峰，以及突然发生事故时的提水要求。对于灌溉泵站，装机 3～9 台时，其中应有 1 台备用，多于 9 台时，应有 2 台备用。对于重要城市供水泵站，工作机组 3 台及 3 台以下时，应增设 1 台备用机组，多于 3 台，应增设 2 台备用机组。对于年利用小时数较低的排水泵站，一般不设备用水泵。

综上所述，水泵台数不能过多，也不能过少，要考虑各方面的因素分析确定。一般情况下，中小型泵站以 3～9 台为宜。流量变化幅度大的泵站，台数宜多；流量比较稳定的泵站，台数宜少。

第二节　水泵动力机配套

水泵动力机，常采用的有电动机和柴油机。电动机容易起动，操作简便，运行可靠，管理方便，成本较低，便于自动化，但是输电线路及其他附属设备的投资较大，功率受电源电压影响较大。柴油机不受电源限制，机动灵活，适应性强，但运行时易发生故障，噪声较大，对环境有一定污染，使用操作、维护保养等技术要求较高。

水泵动力机的选配，应根据实际条件来确定。通常在有电源的地方，宜选用电动机，在无电源或电力不能保证供应的地区则宜选用柴油机。

目前，水泵动力机一般都由水泵厂配套提供。以下简单介绍电动机、柴油机与水泵的配套。

一、电动机与水泵的配套

（一）电动机类型选择

中小型泵站都选用异步电动机。目前，常用的有 Y 系列鼠笼型异步电动机。它具有效率高、起动转矩较大、噪音较小、防护性能良好等优点。另外，还有 JS 系列双鼠笼型及 JR 系列绕线型异步电动机等。双鼠笼型异步电动机具有较好的起动性能，适用于起动负载较大和电源容量较小的场合；JR 系列绕线型异步电动机适用于电源容量不足以供鼠笼型电机起动的场合。

（二）配套功率的确定

与水泵配套的动力机的额定（标定）功率称水泵配套功率，用 $P_配$ 表示。可按下式计算

$$p_配 = K \frac{\gamma QH}{1000 \eta \eta_传} \quad (\text{kW}) \tag{5-1}$$

式中　　　K——动力机功率备用系数，可按表 5-3 选用；

　Q、H、η——水泵工作范围内对应于最大轴功率时的流量、扬程、效率，m^3/s、m，%；

　　　　$\eta_传$——传动效率，%；

　　　　　γ——水的重度为 9.80 kN/m^3。

表 5-3　　　　　　　　　　动力机功率备用系数表

水泵轴功率（kW）	<5	5～10	10～50	50～100	>100
电动机	2～1.3	1.3～1.15	1.15～1.10	1.10～1.05	1.05
柴油机		1.15～1.10		1.08～1.05	1.05

（三）电动机转速的确定

电动机转速的确定与水泵的转速和传动方式有关。当直接传动时，两者的转速必须相等或接近。间接传动时，与水泵的转速有一定的传动比关系。

根据转速、配套功率、电源电压和电源容量，查电机产品样本，选用所需电动机的型号。

二、柴油机与水泵的配套

柴油机是一种常用的热动力机。在电力不足或没有电力的地区，水泵动力机可采用柴油机。

（一）柴油机的主要性能指标

1. 有效功率、标定功率和标定转速

（1）有效功率。有效功率是指柴油机曲轴输出功率，用 P_e 表示，单位为 kW。可通过测定曲轴输出扭矩和转速，用下式计算：

$$P_e = M_e \frac{2\pi n}{60} \times 10^{-3} = \frac{1}{9550} M_e n \tag{5-2}$$

式中 P_e——柴油机的有效功率，kW；

  n——柴油机的转速，r/min；

  M_e——曲轴输出扭矩，N·m。

（2）标定功率。柴油机铭牌标出的功率即标定功率，可分为以下四种：

1）15min 功率，为柴油机允许连续运转 15min 的最大有效功率。

2）1h 功率，为柴油机允许连续运转 1h 的最大有效功率。

3）12h 功率（又称额定功率），为柴油机允许连续运转 12h 的最大有效功率。

4）持续功率，为柴油机允许长期运转的最大有效功率。

与标定功率相对应的转速称标定转速。同样的柴油机，转速越高，功率越大，转速达不到标定值，柴油机就达不到标定功率。

2. 燃油消耗量与燃油消耗率

（1）燃油消耗量。柴油机单位时间内所消耗的燃油量，称燃油消耗量。用 G_T 表示，单位为 kg/h。

（2）燃油消耗率。柴油机的燃油消耗量与其有效功率的比值称燃油消耗率，用 g_e 表示，单位 g/（kW·h）。简称耗油率。

（二）柴油机的型号

柴油机的种类很多，而其特性各异，国家对其系列化、标准化作出规定，以满足用户要求。柴油机的型号常用汉语拼音字母与阿拉伯数字组成。现说明如下：

（1）柴油机型号首部。首部为缸数符号，用数字表示汽缸的个数。

（2）柴油机型号中部。中部为柴油机的冲程符号和缸径符号，标 E 者为二冲程，不标符号者为四冲程。缸径符号是用缸径的整毫米数来表示的。

（3）柴油机型号尾部。尾部符号为柴油机的使用特征符号及变形符号。特征符号用字母表示，如 Q 为汽车用，T 为拖拉机用，C 为船用，J 为铁路机车牵引用，Z 为增压。无上述表示符号的为通用型。标 F 者表示柴油机为风冷式，不标 F 表示柴油机是水冷式。变形符号用数字顺序表示，并与前面的符号用短横线连接。

例如：1105 型，首部 1 表示单缸，中部 105 表示缸径是 105mm，中部无 E 表示四冲程，无 F 表示水冷式，无特征符号表示通用型。

（三）柴油机的选型

根据水泵工作范围内最大轴功率，按式（5-1）计算出柴油机的配套功率 $P_{配}$，从柴油机样本查出 12h 功率约等于或稍大于 $P_{配}$ 的几种柴油机型号，然后根据燃料消耗率低者为优，确定选型方案。

第三节 传动设备的选配

传动设备是将动力机的机械能传递给水泵的装置。目前水泵机组常用的传动装置有联轴器传动、齿轮传动、带传动和液压传动等。

一、联轴器传动

联轴器传动就是用联轴器把水泵与动力机的轴联接起来，使之一起传动，并传递扭矩，属直接传动，如图5-1所示。该传动方式结构简单紧凑，传动平稳，安全可靠，传动效率高。电力驱动的水泵机组多数采用联轴器传动。联轴器一般均由水泵厂配套提供。

联轴器常用的型式有刚性联轴器和弹性联轴器。

（一）刚性联轴器

刚性联轴器常用的有凸缘联轴器，它由分别装在动力机轴伸（或传动轴）和水泵轴头上的带有凸缘型的半联轴器组成，刚性联轴器分立式和卧式，如图5-2所示。两个半联轴器分别用键与轴连接，再用螺栓相互联接。刚性联轴器结构简单，成本低，能传递较大的扭矩，但不能补偿轴的偏移，不吸震，安装精度要求较高，多用于立式水泵机组。

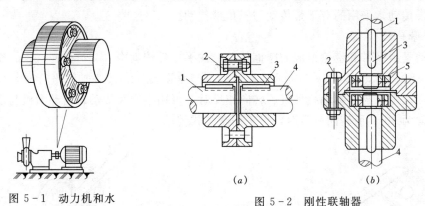

图 5-1 动力机和水泵直接传动

图 5-2 刚性联轴器

1—动力机轴；2—连接螺栓；3—键；4—水泵轴；5—拼紧螺帽

（二）弹性联轴器

弹性联轴器常用的有弹性圈柱销连接器，如图5-3所示。它的外形与凸缘联轴器相似，用套有弹性圈的柱销代替连接螺栓，通过弹性圈传递扭矩。弹性圈用橡胶或皮革制成，可以缓冲、吸震，补偿两轴线间的小量偏差，多用于卧式水泵机组。

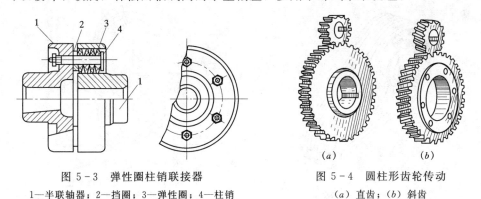

图 5-3 弹性圈柱销联接器

1—半联轴器；2—挡圈；3—弹性圈；4—柱销

图 5-4 圆柱形齿轮传动

(a) 直齿；(b) 斜齿

二、齿轮传动

齿轮传动是一种间接传动方式。它是靠分别装在动力机轴伸上的主动齿轮和装在水泵轴头上的从动齿轮相互啮合传递扭矩。齿轮与轴用键连接，防止轴与齿轮相互滑动。齿轮传动具有传动功率范围大，传动效率高，寿命长，传动比（动力机转速与水泵转速比）恒定，结构紧凑。但要求的制造工艺和安装精度较高，价格较贵，目前使用较少。

水泵中常见的齿轮传动形式有：两轴平行的直齿（或斜齿）圆柱齿轮传动，如图 5-4 所示。它的结构比较简单，在中等容量的场合下使用。

三、带传动

皮带传动是由固定在动力机轴伸上的皮带轮与水泵轴头上的皮带轮及紧套在皮带轮上的环形皮带所组成。依靠皮带与皮带轮之间的摩擦传递动力。带传动优点是能够缓冲、吸震，传动平稳，噪音小；传动带会在带轮上打滑，可保证机器免遭破坏；但其传动的外廓尺寸较大，传动效率低，寿命短。带传动结构简单、维护方便、成本低廉。在中小型泵站的间接传动中，常常使用带传动。

泵站中带传动常采用的有平带传动与三角带传动。

（一）平带传动

平带传动是由平带和带轮组成的摩擦传动。在平皮带传动中，又可分开口式、交叉式和半交叉式三种传动，如图 5-5 所示。当动力机与水泵转向一致、轴线平行时，可用开口式传动；当动力机与水泵轴线平行、转向相反时，可用半交叉传动；当动力机与水泵轴线交叉（通常为 90°）而转向一致时，可采用交叉式传动。

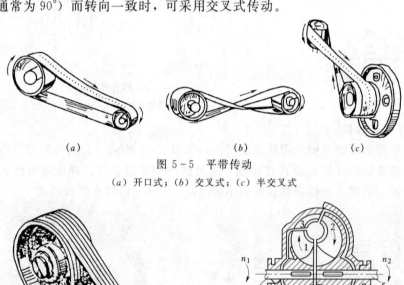

(a)　　　　　　　(b)　　　　　　　(c)

图 5-5　平带传动

(a) 开口式；(b) 交叉式；(c) 半交叉式

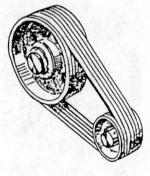

图 5-6　三角带传动

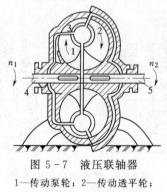

图 5-7　液压联轴器

1—传动泵轮；2—传动透平轮；
3—空腔；4—动力机轴；
5—泵轴

（二）三角带传动

三角带传动是由一条或数条三角带和三角带轮组成的摩擦传动。三角带传动也可分开口式和半交叉式两种，常用的是开口式传动，如图 5-6 所示。

四、液压传动

液压传动主要是通过液压联轴器内的液体压力将动力机轴上的转矩传给水泵轴。如图

5-7所示。调节水泵转速时，只要改变液压联轴器的液体容积即可。

液压联轴器工作平稳、可靠，能在较广范围内无级调速，可进行自动润滑，使动力机无负载启动，传动效率高。但需要另设充油或充水的油泵或水泵等设备，比较复杂，且辅助设备的造价较高。

第四节 管路及附件的选配

水泵、动力机及传动设备选定后，还必须配上进、出口管路及设置相应的管件和阀门等管道附件，才能够提水。

一、管路选配

泵站的管路分进水管和出水管两部分。管路选配主要是选配合适的管材、管径，并进行合理的布置。

（一）进水管路

进水管是指水泵进口前的一段管路，一般采用钢管，其管径可按下式计算：

$$D_进 = 2\sqrt{\frac{Q}{\pi v}} \quad (m) \qquad (5-3)$$

式中　v——管中控制流速，m/s；建议按 1.5～2.0 m/s 控制。

　　　　Q——管中流量；m^3/s。

按上式算出管径后，查有关手册，选择与计算管径相近的标准管径。

进水管路在设计与施工时应注意以下几点：

（1）尽量减少进水管的长度及其附件，管线布置应平顺，转弯少，便于安装和减小水头损失。

（2）管路应严密不漏气，以保证良好的吸水条件。

（3）应避免在进水管道上安装闸阀，若不得已而装闸阀时（如干室型泵房中，进水池水位高于泵轴线，进水管需设闸阀，以便机组检修），一定要保持常开状态。为避免闸阀上部存气，闸阀应水平安装。

（二）出水管路

出水管的管材、管径的选配见第七章第四节。

二、管路附件的选配

管路附件包括管件和阀件，分述如下。

（一）管件

管件是从进水管口到出水管口将管子连接起来的连接件，有喇叭口、弯管、伸缩接管、异径管等。如图 5-8 所示。

（1）喇叭口。为减少进水管道进口的水头损失，改善叶轮进口流态，进水管进口处应做喇叭口，其进口直径应不小于进口管直径的 1.25 倍。

（2）弯管。弯管又称弯头，它是用来改变水流方向的，常用的有 90°、60°、45°、30°、15°等五种。

（3）异径管。又称渐变接管，可分为偏心异径管和同心异径管。用于连接水泵进、出

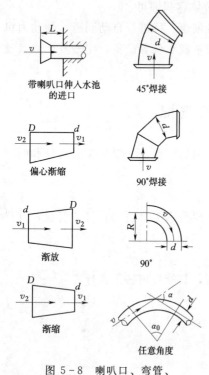

带喇叭口伸入水池
的进口

45°焊接

偏心渐缩

90°焊接

渐放

90°

渐缩

任意角度

图 5-8　喇叭口、弯管、
异径管示意

口与进、出水管道（因水泵进、出口径与进出水管道
管径不同）。水泵的进口段用偏心异径管，且平面部
分在上，锥面部分在下。水泵出口端用同心异径管，
异径管长度 $L = (5～7) \times (D_大 - D_小)$，$D_大$、$D_小$ 为
大小头直径。

伸缩节详见第七章第四节。

（二）阀件

阀件用来调节管道流量、截止水流或防止逆流
等。常用阀件包括底阀、闸阀、止回阀和拍门等。

（1）底阀。它是一个单向阀门，安装于进水管
口。它的作用是在水泵启动前进行人工充水时不让水
漏掉。但底阀的水头损失较大，容易出故障，只在小
型泵站中采用。一般吸入口径大于 300mm 的水泵采
用真空泵抽气充水。

（2）闸阀。它是一种螺杆式管道阀门，如图 5-9 所
示，通常装在水泵出口附近的管路上。作用是：离心泵关
闸启动，可降低启动功率；关闸停机，可防止水倒流；抽真
空时闸阀关闭，隔绝外界空气；水泵检修时关闭闸阀，截
断水流；运行中调节水泵流量，防止动力机超载。闸阀的
选择应按照工作压力、管道直径等参数，查产品样本或有
关手册选取。

（3）止回阀。它是一个单向突闭阀，如图 5-10 所示，装在水泵出口附近的管路上。
其作用是：当事故停机时，防止出水池和出水管中的水倒流，损坏水泵；防止水锤压力过
大。目前常用的有两阶段关闭的缓闭蝶阀和微阻缓闭止回阀。

（4）拍门。它是一个单向活门，材料有铸铁、铸钢等，如图 5-11 所示。通常装在出
水管口，用于停机后切断回流。水泵开启后，在水的冲击下拍门
自动打开。拍门淹没在水面下，停机后靠自重与回流自动关闭。
为了减小出口水力损失，可采用带平衡锤的拍门（图 5-12）或
双节式拍门。

三、真空泵选配

当水泵的安装高程高于进水池最低水位时，机组启动前必须
对出水管闸阀至进水池水面之间管道及水泵内进行抽气充水。泵
站中多用水环式真空泵抽气充水。

（一）水环式真空泵性能

泵站中常用的真空泵有 SZB 型和 SZ 型。图 5-13 为 SZB 型
真空泵性能曲线。

（二）水环式真空泵抽气装置

水环式真空泵抽气装置如图 5-14 所示。图中 2 为抽气管，

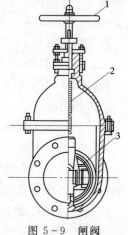

图 5-9　闸阀
1—转盘；2—转轴；3—闸门

54

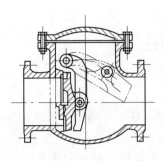

图 5-10 逆止阀

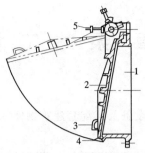

图 5-11 拍门

1—短管；2—盖板；3—开起柄；4—黑色橡胶；5—调节螺丝

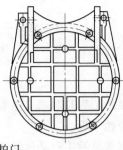

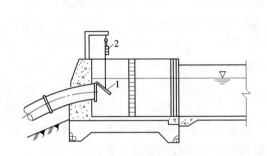

图 5-12 带平衡锤的拍门

1—拍门；2—平衡锤

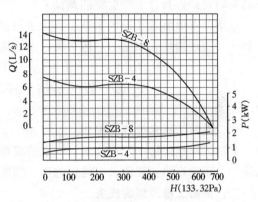

图 5-13 SZB 型真空泵性能曲线

它与主水泵的排气管连接，主水泵排气管上设快速闸阀，排气时打开，充满水后将其关闭，立即启动主机组。图中 6 为排水管，当箱内水满时将其排出；图中 5 为真空泵充水管，用于真空泵充水。

（三）水环式真空泵选择

型号是依据其抽气量和最大真空值查真空泵产品样本进行选择。真空泵抽气量可近似按下式计算

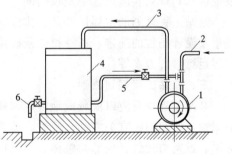

图 5-14 水环式真空泵水气分离箱示意图

1—真空泵；2—抽气管；3—排气管；
4—水气分离箱；5—充水管；6—排水管

$$Q_{气} = K \frac{VH_a}{T(H_a - H_s)} \qquad (5-4)$$

式中　$Q_{气}$——真空泵抽气量，m^3/min；

　　　K——漏气系数，一般取 $1.05\sim1.10$；

　　　T——抽气时间，min；一般取 $3\sim5$ min；

　　　H_a——当地大气压的水柱高，m；

　　　H_s——进水池最低工作水位至泵壳顶部的高度，m；

　　　V——出水管闸阀至进水池水面之间的管道和泵壳内的空气总容积，m^3。

第六章 泵站工程规划

泵站工程是利用机电提水设备及其配套建筑物使水流能量增加，以满足兴利除害要求的综合性工程。

兴建泵站工程必须认真做好规划工作，工程规划不当，不仅使泵站的效率低、成本高，而且会引起今后大量的工程改建、扩建，造成损失和浪费。因此，正确地进行泵站工程的规划设计，具有十分重要的意义。

本章以农业灌溉、排水泵站工程为主要对象，讲述泵站工程规划任务和原则、排灌区的划分、站址选择和枢纽的总体布置、设计流量和设计扬程的确定等。

第一节 泵站工程规划的任务和原则

一、泵站工程建筑物的组成

泵站工程建筑物一般有取水、引水建筑物，进水建筑物，泵房，出水建筑物，还有变电站，交通建筑物和其他水工建筑物等。这些建筑物组成了泵站枢纽工程。

二、泵站工程规划的任务

泵站工程规划必须在流域或地区水利规划的基础上进行。在泵站工程规划中，对流域或地区水利规划实施过程中发现的问题，应做适当调整，使其不断完善。

泵站工程规划的主要任务是：排灌区的划分、排灌标准、枢纽布置、站址选择、设计流量及设计扬程的确定，选择机组及确定装机容量；计算经济指标，评价经济效果；拟定工程运行管理方案等。

三、泵站工程规划原则

泵站工程规划应以流域或地区水利规划为依据，根据全面规划、综合治理、合理布局的原则，按照国家有关方针、政策，结合当地具体情况，正确处理好灌溉与排水、自流与提水、近期与远景、局部与整体、灌溉排水与其他部门的关系，充分考虑泵站工程的综合利用。

根据我国农业水利的区划、地形、能源条件等，可将其大体分为丘陵山区、水网圩区及平原地区。丘陵山区地形复杂，高程变化较大，年降雨量分配不均，少雨年份易形成干旱，须提水灌溉。治理时应进行水资源供需平衡分析，合理调配水量，采取提蓄结合，井、渠结合等灌溉方式，充分利用地表水和地下水资源，要注意平衡高峰用水量，减少提水流量与泵站装机容量。水网圩区河网密布，水资源充沛，地形平坦，洪、涝渍是常见的灾害。泵站的主要任务是排涝，结合灌溉。规划时，应合理划分排水区，做到高水高排，低水低排。要充分利用湖泊、河网、坑塘等水域作为调蓄容积，以削减洪峰，减少装机。在有自排条件的地区还应做到自排与提排相结合。北方平原地区，年降雨量较少或年内降雨不均，易干旱，易涝渍。规划时应坚持洪、涝、碱综合治理，正确处理好灌、排、蓄关系，合理开发降水、地面水、地下水等各种水资源，利用沟渠水井、坑塘等多种水利设施，互相配合。

第二节 灌溉泵站工程规划

一、灌区的划分

根据提水灌区的地形、水源、能源和行政区划等条件，进行合理分区，从而达到技术措施合理、工程投资少、运行费用省的目的。

提水灌区的划分方式如下。

1. 一站一级提水、一区灌溉

全灌区只建一座泵站，由一条干渠控制全部灌溉面积，泵站将水提升至灌区的最高控制点，然后由渠系向全灌区供水。这种方式适用于面积较小，地面高差不大的灌区，如图6-1（a）所示。

2. 多站一级提水、分区灌溉

将灌区分成若干个小灌区，每个小灌区由单独的泵站和渠系供水。这种方式适用于灌区面积较大、地势平坦或灌区内沟河纵横形成自然分界的灌区，如图6-1（b）所示。

3. 多站分级提水、分区灌溉

对于面积较大，地形变化较大的高扬程灌区，为了避免将水提升到高处再流到低处灌溉，造成动力的浪费，可将全区分为若干高程不同的灌区分级提水，每级灌区由一条干渠控制。前一级站的抽水量除满足本灌区所需之外，还要供给后一级站的抽水量，如图6-1（c）所示。

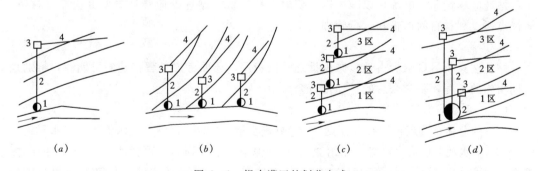

图6-1 提水灌区的划分方式

（a）一站一级提水，一区灌溉；（b）多站一级提水，分区灌溉；

（c）多站分级提水，分区灌溉；（d）一站分级提水，分区灌溉

1—泵站；2—出水管；3—出水池；4—渠道

4. 一站分级提水、分区灌溉

当灌区面积较小，地面高差较大时，可以在灌区内建一座安装有不同扬程水泵的泵站，并在不同高程处相应地设若干个出水池和水泵配套工作，进行分区灌溉，避免高水低灌现象，如图6-1（d）所示。

二、站址选择和泵站总体布置

（一）站址选择

站址选择应根据流域的总体规划、泵站规模、运行特点和综合利用要求，考虑地形、地质、水源、电源、枢纽布置、施工、交通、管理、占地、拆迁等因素以及扩建的可能，经过技术经济比较后选定。

1. 地形

站址地形要求平坦、开阔，以利于泵站建筑物的总体布置和施工，满足工程造价低、运行条件好的要求。为控制全灌区面积，站址宜选择在灌区的较高地段。

2. 地质

站址应避开大的和活动性的断裂构造及其他不良地质地段，宜选在岩石坚实、抗渗性能良好的地基上。如遇淤泥、流沙、湿陷性黄土、膨胀土等地基时，应慎重研究确定基础类型和地基处理措施。

3. 水源

灌溉站的水源有河流、湖泊、水库、渠道、地下水等。要求水源的水质、水量、水温能满足用水要求。取水口的位置选择应能保证引水，有利于防洪、防沙、防冰及防污。

（1）从河流上取水应尽量选在河段顺直、主流靠近岸边、河床稳定、水深和流速较大的地段。如遇弯曲河段，应选择其凹岸顶点偏下游处；如遇支流汇入和分岔河段，应选择在上游靠近主流的地方。由潮汐河道取水，还应符合淡水水源充沛、水质适宜灌溉要求。

（2）从湖泊中取水，站址应选在靠近湖泊出口或远离支流汇入口的地方。

（3）直接从水库中取水的泵站，取水口应选在淤积范围之外、大坝附近或远离支流汇入口处。

4. 电源、交通

站址应尽量靠近电源，以减少输、变电工程投资。站址处应交通方便并应靠近村镇、居民点，以利材料的运输和运行管理。

5. 其他

站址选择要尽量减少占地，减少拆迁赔偿费用，还要考虑工程扩建的可能性，特别是分期实施的工程，要为今后的扩建留有余地。

（二）泵站总体布置

泵站的总体布置应包括泵房、进水建筑物（进水闸、引水渠、前池和进水池等）、出水建筑物（出水管、出水池或压力水箱等）、专用变电所、其他枢纽建筑物和工程管理用房、职工住房、内外交通、通讯以及其他维护管理设施的布置。总体布置形式取决于水源种类和特性、站址的地形和地质条件、综合利用要求、泵房的型式等因素。要尽量做到布置紧凑、运行安全、管理方便、美观协调、经济合理、少占耕地等。常见的布置形式有以下几种。

1. 从江河、湖泊或灌溉渠道上取水的泵站

（1）有引水渠的布置形式（引水式）。适用于岸边坡度较缓，水源水位变幅不大，水源距出水池较远的情况。为了减少出水管长度和工程投资，常将泵房靠近出水池，用引水渠将水引至泵房，但在季节性冻土区应尽量缩短引水渠长度。对于水位变幅较大的河流，渠首可设进水闸控制渠中水位，以免洪水淹没泵房。当从多泥沙河流取水时，还要在引水渠段设置沉沙及冲沙建筑物。如图6-2为有引水渠的泵站枢纽布置图。

（2）无引水渠的布置形式（岸边式）。当河岸坡度较陡、水位变幅不大，或灌区距水源较近时，常将泵房建在水源岸边，直接从水源取水，如图6-3所示。

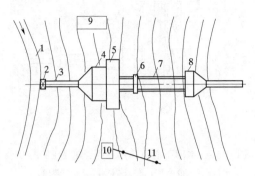

图6-2 有引水渠的泵站枢纽布置图
1—河流；2—进水闸；3—引水渠；4—前池和进
水池；5—泵房；6—镇墩；7—压力水管；
8—出水池；9—管理处；10—变电站；
11—输电线路

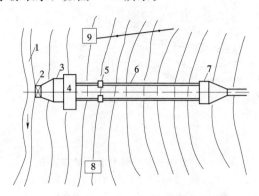

图6-3 无引水渠的泵站枢纽布置图
1—河流；2—进水闸；3—前池和进水池；4—泵房；
5—镇墩；6—压力水管；7—出水池；
8—管理处；9—变电站

2. 从水库中取水的泵站

（1）从水库上游取水的泵站，其布置形式与有引水渠、无引水渠的布置形式相同。当库水位变幅较大，设置固定式泵站有困难时，可以采用浮船式或缆车式移动泵站，具体见第十一章。

（2）从水库下游取水的泵站，一般有明渠引水和有压引水两种方式。明渠引水是将水库中的水通过泄水洞放入下游明渠中，水泵从明渠中引水，如图6-4所示。有压引水是将水泵的吸水管直接与水库的压力放水管相接，利用水库的压能，以减少泵站动力机的功率。每个吸水管路上均设闸阀。这样，可提高水泵安装高程，或省去抽真空设备，如图6-5所示。

3. 从井中取水的泵站

通常将泵房布置在井旁的地面上。如果井水位离地面较深，超过水泵允许吸上真空高度时，可将泵房建在地下，具体见第十一章。

三、设计流量和设计扬程的确定

（一）灌溉设计标准

灌溉站设计标准是确定灌溉站建设规模的主要依据。应根据灌区水土资源、水文气象、作物组成以及工程效益、灌溉成本等情况合理确定。灌溉设计标准一般以灌溉设计保证率表示，即

$$P = \frac{m}{n+1} \times 100\% \qquad (6-1)$$

式中　P——灌溉设计保证率，%；

　　　m——按设计灌溉用水量供水的年数；

　　　n——计算总年数，计算系列年数不宜少于30。

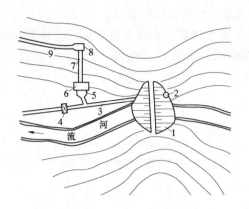 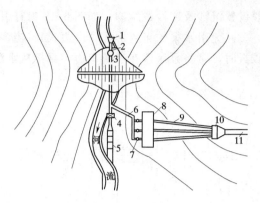

图 6-4　水库下游明渠引水泵站布置图　　　图 6-5　水库下游有压引水泵站布置图
1—拦河坝；2—放水塔；3—明渠；4—控制　　　1—进水口；2—放水塔；3—放水洞；4—控制闸；
闸；5—进水池；6—泵房；7—压力水管；　　　5—跌水；6—有压引水渠；7—闸阀；8—泵房；
8—出水池；9—输水渠道　　　　　　9—压力水管；10—出水池；11—灌溉干渠

灌溉设计保证率一般可按表 6-1 选用。

（二）灌溉泵站的设计流量

计算灌溉泵站的设计流量，一般需先根据农作物田间需水规律制定灌溉制度，确定灌水率图，然后推求设计流量。这种方法比较复杂，除大型工程外，一般难以采用。中、小型灌区常以干旱无雨而作物需水最为紧迫时期的灌溉用水量或灌水定额作为灌溉泵站设计流量计算的依据，用简化方法确定，公式如下：

$$Q = \frac{\sum mA}{3600Tt\eta_水} \qquad (6-2)$$

式中　Q——灌溉泵站的设计流量，m^3/s；

m——用水高峰时段内各种作物的灌水定额，$m^3/$亩；

A——相应时段内各种作物灌溉面积，亩；

T——灌水历时，全灌区一次灌水所延续的天数，参考表 6-2 选用；

t——日开机小时数，一般为 18～22h，机械允许时，可采用 24h；

$\eta_水$——灌溉水利用系数，$\eta_水 = \eta_{渠系}\,\eta_田$（$\eta_{渠系}$为渠系水利用系数，$\eta_田$为田间水利用系数）。

灌溉泵站应尽量与塘、库等蓄水工程相结合，充分利用调蓄容积，削减用水峰量，从而减少泵站的装机容量和能源消耗。考虑调蓄后的泵站设计流量为

$$Q = \frac{\sum mA - V_蓄}{3600Tt\eta_水} \qquad (6-3)$$

式中　$V_蓄$——灌区有效调蓄容积，m^3；

表 6-1　　　　　灌溉设计保证率

灌水方法	地　区	作物种类	灌溉设计保证率（%）
地面灌溉	干旱地区或水资源紧缺地区	以旱地为主	50～70
		以水稻为主	70～80
	半干旱、半湿润地区或水资源不稳定地区	以旱地为主	70～80
		以水稻为主	75～85
	湿润地区或水资源丰富地区	以旱地为主	75～85
		以水稻为主	80～95
喷灌、微灌	各类地区	各类作物	85～95

注　1. 作物经济价值较高的地区，宜选用表中较大值；作物经济价值不高的地区，可选用表中较小值。
　　2. 引洪淤灌系统的灌溉设计保证率可取 30%～50%。

表 6-2　　　万亩以上灌区作物灌水延续时间

作　物	播　前	生育期
水　稻	5～15（泡田）	3～5
冬小麦	10～20	7～10
棉　花	10～20	5～10
玉　米	7～15	5～10

注　万亩及万亩以下的灌区可按表列数值适当减小。

其余符号意义同前。

（三）灌溉泵站的特征水位与特征扬程

1. 灌溉泵站的特征水位

灌溉泵站的出水池水位也称上水位，即灌溉干渠的渠首水位，由田间按渠系逐级推算到渠首。上水位的变幅一般比较小。灌溉泵站的进水池水位也称下水位，由水源水位减去引渠水面降落值和建筑物的水头损失值而得，它随水源水位变化。水源为江河、水库的泵站，下水位变幅较大；水源为湖泊、渠道的泵站，下水位变幅较小。灌溉站各种特征水位的确定方法如下。

（1）灌溉泵站进水池水位：

1）防洪水位。是确定泵站建筑物防洪墙顶部高程，分析泵站建筑物稳定、安全的重要参数，以保证泵站枢纽安全。此水位可根据泵站工程等级采用相应的防洪设计标准推求。防洪设计标准见表 6-3。如不直接挡江河洪水的泵房，因泵房前设有防洪进水闸（涵洞），泵房设计时可不考虑防洪水位的作用。

2）设计水位。用来确定泵站的设计扬程。从河流、湖泊或水库取水的灌溉泵站，确定其设计水位时，以历年灌溉期的日平均或旬平均水位排频，取相应于灌溉设计保证率的水位作为设计水位。根据我国农业灌溉的现状及发展要求，设计保证率取为 85%～95%。水资源紧缺地区可取低值，水资源较丰富地区可取高值；以旱作物为主的地区可取低值，以水稻为主的地区可取高值。从渠道取水时，取渠道通过设计流量时的水位。

表 6-3　　　泵站建筑物防洪标准

泵站建筑物级别	洪水重现期（年）	
	设　计	校　核
1	100	300
2	50	200
3	30	100
4	20	50
5	10	20

注　修建在河流、湖泊或平原水库边的堤身式泵站，其建筑物防洪标准不应低于堤坝现有防洪标准。

3）最高运行水位。用以确定泵站的最低扬程。从河流、湖泊取水时，取重现期 5～10 年一遇洪水的日平均水位；从水库取水时，根据水库调蓄性能论证确定；从渠道取水时，取渠道通过加大流量时的水位。

4）最低运行水位。用来确定水泵安装高程或吸水管口高程以及引水、进水建筑物底板高程，并确定泵站最高扬程。从河流、湖泊或水库取水时，取历年灌溉期水源保证率为 95%～97% 的年最低日平均水位；从渠道取水时，取渠道通过单泵流量时的水位。

（2）灌溉泵站的出水池水位：

1）最高水位。当出水池接输水河道时，取输水河道的校核洪水位；当出水池接输水渠道时，取与泵站最大流量相应的水位。用以确定出水池池顶高程。

2）设计水位。取按灌溉设计流量和灌区控制高程的要求推算到出水池的水位，用以确定泵站设计扬程。

3）最高运行水位。取与泵站加大流量相应的水位，用以确定泵站最高扬程。

4）最低运行水位。取与泵站单泵流量相应的水位，有通航要求的输水河道，取最低通航水位。用以确定出水管口中心高程和泵站最低扬程。

2. 灌溉泵站特征扬程

（1）设计扬程。当泵站出水管为淹没出流时，设计扬程等于进出水池在设计水位时的水位差与管路水头损失之和。在设计扬程工况下，泵站的提水流量应满足灌溉设计流量要求。设计扬程是水泵选型的主要依据。

（2）平均扬程。平均扬程是灌溉季节中泵站出现几率最多、运行历时最长的工作扬程。选泵时应使其在平均扬程工况下，处于高效区运行，单位消耗能量最少。平均扬程可按式（6-4）计算加权平均净扬程，并计入水力损失确定：

$$H = \frac{\sum H_i Q_i t_i}{\sum Q_i t_i} \tag{6-4}$$

式中　H——加权平均净扬程，m；

　　　H_i——第 i 时段泵站进、出水池运行水位差，m；

　　　Q_i——第 i 时段泵站提水流量，m^3/s；

　　　t_i——第 i 时段历时，d。

（3）最高扬程。最高扬程是水泵工作扬程的上限。水泵在此扬程下运行，提水流量将小于设计流量，但应保证水泵运行的稳定性。可按泵站出水池最高运行水位与进水池最低运行水位之差，并计入水力损失确定。

（4）最低扬程。最低扬程是水泵工作扬程的下限。水泵在此扬程下运行，单泵流量为最大值，若泵站提水总流量大于其设计流量，可停开部分机组。可按进水池最高运行水位与出水池最低运行水位之差，加相应的水头损失求得。

第三节　排水泵站工程规划

平原和圩垸地区，暴雨季节，降水不能自流排出，必须依靠提水排涝。在地下水位较高或土壤盐碱化的地区，也需提排地下水，控制地下水位，保障农业生产的发展。因此排水泵站的任务包括排涝、排渍和排碱等方面。排水泵站的规划，必须以排水区总体规划为依据，同时考虑排水泵站的特点，正确处理自排与提排、蓄水与排水、内排与外排、排田（抢排）与排湖（内河）、排水与灌溉等关系，尽量减少排水泵站的装机容量和发挥排水泵站的综合效益。

一、排水区划分和排水站布局

排水区划分，主要是根据排水区的地理位置、地形、水系、现有排灌系统及行政区划等条件进行分片划级。排水区的划分要尽可能满足高低水分开，主客水分开，内外水分开，就近排水，自排为主，提排为辅。高低水分开和主客水分开就是要求分片排涝，高水高排，低水低排；内外水分开主要是洪、涝分开，其次是排水区内部河、湖、田分开，分级控制，排、滞并举。合理划分排水区域，可以使泵站布局合理，达到装机容量少、投资省、设备利用率高的要求。以下介绍几种排水区域划分与排水泵站布局形式。

（一）一级排水

一级排水是将涝水直接由排水泵站排入承泄区，这种排水泵站称一级站或外排站。当圩垸内地形比较平坦，高差不大，又无集中的湖泊时，设站往往依据行政区划，面积较小时，采用一圩一站、一级排水的布置形式，如图6-6所示。面积较大并有数个独立行政单位（如乡或村），则采用一圩多站、分区一级排水的布置形式，这种站应尽量考虑排灌结合，并根据地形对排灌系统分开布置，如图6-7所示。

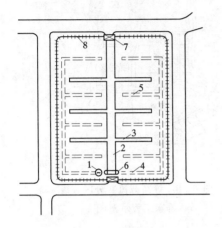

图6-6 一圩一站、一级排水

1—泵站；2—排水干沟；3—排水支沟；
4—灌溉干渠；5—灌溉支渠；6—倒虹吸；
7—节制闸；8—圩堤

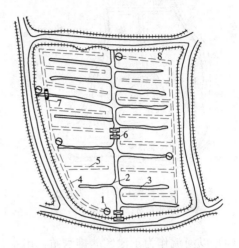

图6-7 一圩多站、分区一级排水

1—泵站；2—排水干沟；3—排水支沟；4—灌溉干渠；5—灌溉支渠；6—套闸；7—倒虹吸；8—圩堤

（二）等高截流，分区一级排水

当圩垸内地形高差较大时，可按高低水分开的原则，根据地形条件设置截流沟（高排沟），将圩区划分成高、低排水区，如图6-8所示。在高排沟两端和低排区分别建外排站。

（三）等高截流，分区分级排水

在排水面积较大，地形比较复杂，地面高差也较大，又有蓄水面积较大湖泊的围垦区时，为了充分利用湖泊的调蓄能力，减少提水装机容量，常在湖泊周围低洼地区设置扬程较小的二级内排站（二级站），将涝水提排入湖，然后用一级站将湖内滞蓄涝水提排（或自排）到承泄区，如图6-9所示。

二、站址选择和泵站总体布置

（一）站址选择

对排水泵站站址选择的要求，除需满足灌溉站址中第2、4、5条外，还应考虑以下几点：

（1）要服从排水区近期和远景的治理规划，避免近期工程与远景规划相矛盾。

（2）以排水为主的泵站站址，除要求地形平坦、开阔外，应选在排水区下游地势较低、靠近河岸且外河水位较低的地点；若在排水区上、中游设站，站址应选在距排水区中心最近的地点，并尽量利用原有排水渠系和涵闸等设施。

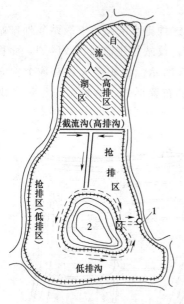

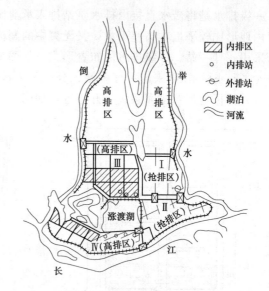

图 6-8 等高截流，分区一级排水

1—排涝泵站；2—内湖

图 6-9 等高截流，分区分级

排水工程示意图

（3）以河流作为承泄区的排水站，出水口位置要选在河床稳定的地段，尽量避免迎流岸崩或淤积严重的地方。

（4）对于排灌结合的泵站，除应满足排涝站一般要求外，还应考虑有利于灌溉农田的水源和高程，以及有利于取水建筑物和灌溉渠系的布置等条件。

（二）泵站的总体布置

排水泵站建筑物的布置，应尽可能采用渠道平直、水流顺畅、运行条件较好的正向进水和出水的方式。排水泵站的布置形式，按照排水闸与泵房的关系有分建式和合建式两种。

1. 分建式

排水闸与泵房分开布置，引渠从排水沟中取水。这种形式适用于原先已有排水闸，单靠自流排水不能解决内涝问题，需要建泵站在关闸期间排水的情况。如图 6-10（a）所示为正向进水、正向出水的布置形式，将泵站布置在原排水闸的一侧，另开引渠同原排水

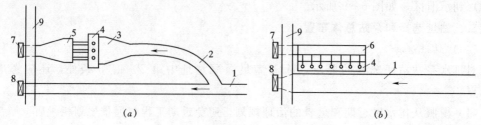

图 6-10 排水泵站分建式布置形式

（a）正向进水、正向出水；（b）侧向进水、侧向出水

1—排水干沟；2—引渠；3—前池；4—泵房；5—出水池；6—压力水箱；7—防洪闸；8—自流排水闸；9—圩堤

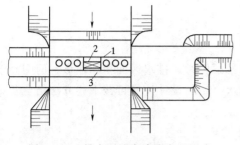

图 6-11　排水泵站合建式布置形式

1—泵房；2—排水闸；3—交通桥

沟相连接，弯道曲率半径不宜小于 5 倍渠道水面宽度，其交角不宜大于 30°，且站前引渠宜有长度为 8 倍渠道水面宽度以上的平直段，以保证泵站进口水流平顺通畅。这种布置形式，水泵进水和出水的水流条件均较好。当机组台数较多，受地形、地质条件的限制，采用正向进水、正向出水布置有困难时，可采用侧向进水、侧向出水的布置形式，如图 6-10（b）所示。

2. 合建式

排水闸和泵房合建在一起，当内河水位高于外河时，开闸排水；当外河水位高于内河时，关闸开机排水。如图 6-11 所示。

（三）排灌结合泵站总体布置

排灌结合泵站建筑物的布置，除了要满足提水排灌要求外，还要考虑能否自流排灌和通航，以达到一站多用的目的。图 6-12 所示为一站两用闸站分建排灌结合泵站的布置形式。由于泵站排涝流量一般大于灌溉流量，为保证排水通畅，将排水干河、前池、进水池、出水池和排水涵闸布置在一直线上，而将引水渠转弯与前池相连。引水渠的取水口布置在凹岸上，引水较顺畅。排水涵洞出口的水流方向面向外河下游，且与外河水流方向斜交，以避免排水时水流冲刷对岸。自流排水时，水流由排水干河经引水渠自流排至外河。不能自流排水时，关闭进水闸，由泵站提水外排。灌溉时，关闭排水闸和防洪闸，由外河引水，通过泵站提水送至灌溉干渠。该布置形式，适用于灌溉扬程与排水扬程相差不大的情况。当上述两种扬程相差较大时，则应考虑建两个出水池。高池灌溉，低池排涝。

三、设计流量和设计扬程的确定

（一）排水站设计标准

1. 排水设计标准

排水设计标准是确定排水站规模的重要依据。如果设计标准过低，则减轻涝灾的程度不大，会影响农业增产；设计标准过高，会造成浪费。因此，应根据各地区农业发展的要求和水利设施的现状及规划期内人力、物力的可能条件，综合分析而定。随着国民经济的发展，排涝设计标准将逐步提高。

排水设计标准，一般以涝区发生一定重现期的暴雨不受涝、渍为准。一般采用 5～10 年，条件较好或有特殊要求的地区，经论证，标准可适当提高。条件较差的地区，可采取分期提高的方法。

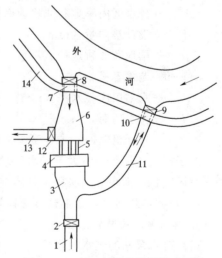

图 6-12　闸、站分建排灌结合泵站的总体布置图

1—排水干河；2—排水闸；3—前池；4—泵房；5—压力水箱；6—出水池；7—排水涵洞；8—防洪闸；9—进水闸；10—引水涵洞；11—引水渠；12—灌溉闸；13—灌溉干渠；14—防洪堤

2. 防洪设计标准

参照 GB/T50265—97《泵站技术规范》。

（二）排水泵站的设计流量

影响排水流量的因素很多，主要有暴雨量和暴雨历时、排水区面积和地形、河网湖泊的蓄水量、稻田蓄水量、作物的耐淹程度等。排水泵站的设计流量可按下述方法结合各地区的具体情况计算。

1. 排水模数法

排水区内平均每平方公里排水面积的最大排水流量称排水模数。排水模数法适用于产流历时小于排水历时的小面积排水区，计算公式如下：

$$Q = qA \tag{6-5}$$

式中　Q——排水设计流量，m^3/s；

　　　q——设计排水模数，$m^3/(s \cdot km^2)$，可根据各地区经验公式确定；

　　　A——控制排水面积，km。

2. 平均排除法

当排水区面积较小，区内具有一定的调蓄容积时，一遇暴雨，排水区总产水量，除田间滞蓄和调蓄区滞蓄外，均须由排水站在规定的排涝天数内均匀排出，其计算公式如下：

$$Q = \frac{1000[A(P-h) + A'cP] - V}{3600Tt} \tag{6-6}$$

式中　Q——排水设计流量，m^3/s；

　　　A——排水区内水稻田面积，km^2；

　　　A'——排水区内旱地和非耕地面积，km^2；

　　　P——设计暴雨量，mm；

　　　c——旱地和非耕地径流系数；

　　　V——调蓄容积，m^3；

　　　h——水稻田净蓄水深，mm；

　　　T——排水历时，d；

　　　t——日开机时间，中小型泵站取 20～22h。

对于产流、汇流历时大于排水历时的大面积排水区，其排水设计流量应根据汇流条件和调蓄区容积的大小分别演算，具体方法可参阅《工程水文学》。

（三）排水泵站的特征水位与特征扬程

1. 排水泵站的特征水位

（1）排水泵站的进水池水位：

1）最高水位。取排水区建站后重现期 10～20 年一遇的内涝水位，用以确定泵房电机层楼板高程或泵房进水侧挡水墙顶部高程。

2）设计水位。是排涝期间站前经常出现的内涝水位，用以确定泵站的设计扬程。可由排水区低洼农田设计排涝水位推算到站前的水位；对有集中调蓄区与内排站联合运行的泵站，可由调蓄区设计水位或内排站出水池设计水位推算到站前的水位。

3）最高运行水位。排田为主的泵站，可采用排水区大部分农田排涝所允许的最高洪水位推算到站前的水位；对有集中调蓄区或与内排站联合运行的泵站可采用调蓄区正常调蓄水位或内排站出水池最高运行水位推算到站前的水位。用以确定泵站最低扬程。

4）最低运行水位。是按满足农作物对降低地下水位要求或满足盐碱地区控制地下水位要求、调蓄区预降水位及其他综合利用要求推算到站前的水位，选择其中最低者作为最低运行水位。它是确定水泵安装高程和吸水管口高程的依据。

（2）排水泵站出水池水位：

1）防洪水位。按泵站防洪标准确定。用以确定泵站建筑物防洪墙顶部高程，分析泵站建筑物稳定、安全。

2）设计水位。根据外河水位资料，选取历年排涝期外河3～5天连续最高水位平均值进行排频，取相应于重现期5～10年的外河水位作为设计水位。受潮汐影响的排水泵站，取重现期5～10年一遇的3～5天平均潮水位。在某些经济发展水平较高的地区或有特殊要求的粮棉基地和大城市郊区，如条件允许，对特别重要的排水泵站，可适当提高设计标准。用以确定泵站的设计扬程。

3）最高运行水位。当外河水位变幅较小，水泵在设计洪水位能正常运行时，其设计防洪水位即为最高运行水位；当外河水位变幅较大，超过水泵扬程范围，取重现期10～20年一遇洪水的3～5天平均水位。用以确定泵站最高扬程。

4）最低运行水位。取外河排水期历年最低水位的平均值。用以确定泵站的最低扬程和出水管口中心高程。

2. 排水泵站的特征扬程

同灌溉泵站一样，需确定设计扬程、平均扬程、最高扬程、最低扬程。

（1）设计扬程。按泵站进、出水池在设计水位时的水位差，加相应的水头损失求得。在此扬程下，泵站的提水流量应满足设计流量要求。

（2）平均扬程。排水泵站的平均扬程计算方法同灌溉泵站。

（3）最高扬程。可按出水池最高运行水位与进水池设计水位之差，加相应的水头损失求得。

（4）最低扬程。可按出水池最低运行水位与进水池最高运行水位之差，加相应的水头损失求得。

第七章 泵站进、出水建筑物

泵站进、出水建筑物包括：进水涵闸、引（排）水渠（暗管、涵洞）、前池、进水池、进出水管、出水池（压力水箱及泄水涵洞）、分水闸（防洪闸）等。进、出水建筑物的布置形式和尺寸直接影响水泵性能、装置效率、工程造价以及运行管理等。本章只介绍引渠、前池、进水池、出水管道、出水池和压力水箱的布置与设计。

第一节 引 水 建 筑 物

一、引渠

泵站的泵房远离水源时，应设计引渠（岸边式泵站可设涵洞），以便将水源的水流均匀地引至前池和进水池。

（一）引渠的要求

（1）有足够的输水能力，以满足泵站的引水流量。

（2）渠线宜顺直。如需设弯道时，土渠弯道半径应大于5倍渠道水面宽，石渠及衬砌渠弯道半径宜大于3倍渠道水面宽，弯道终点与前池进口之间应有大于8倍渠道水面宽的直段长度。

（3）要有拦污、沉沙、冲沙（对多泥沙河流）、拦冰（对寒冷地区）等设施，防止污物、有害泥沙、冰块进入前池。

（4）渠线宜避开地质构造复杂、渗透性强和有崩塌可能的地段，渠身宜设在挖方地基上，少占耕地，保证引渠安全稳定，且节省工程投资。

（5）应为前池、进水池提供良好的水流条件；渠中流速要小于不冲流速而大于不淤流速，以防止冲刷和淤积。

（二）引渠的类型

泵站的引渠，分为自动调节引渠和非自动调节引渠。

1. 自动调节引渠

引渠的渠顶高程沿程不变，且高于渠内可能出现的最高水位，通常引渠较短，底坡平缓。引渠进口一般不设控制建筑物，它具有一定的调节容积，渠道沿线不会发生漫溢现象，可以适应泵站在不同流量时的工作需要。其缺点是挖方量大，泵房应有防洪设施。

2. 非自动调节引渠

当引渠较长，且泵站附近的渠道处于半挖半填的地段时，应采用非自动调节引渠。如果采用自动调节渠道，则挖方量较大，经济上不合理。

非自动调节引渠的渠顶沿程具有一定的坡降，一般和渠底坡降相同。当渠中通过设计流量时，水面平行渠底，如果水泵的抽水流量减少，引渠中就会出现壅水，可能发生漫顶的危险。因此，需在引渠的末端设置侧向溢流堰或在引渠的进口处设置控制闸。

（三）引渠的断面设计

引渠采用泵站最大流量为设计流量，按明渠均匀流进行断面设计，用不冲流速和不淤流速进行校核，经技术经济比较后确定出最佳方案，具体见《农田水利学》。

二、水源泥沙的防治

泥沙含量过大，会使水泵，管路和进、出水池的效率降低，导致泵站效率大幅度下降，能源消耗急剧上升，甚至影响泵站的正常运行。同时，泥沙还会使水泵及管路系统磨损，引起机组超载和震动，使进、出水池及渠系建筑物严重淤积。因此，布置抽水枢纽时，必须防止有害泥沙进入引水渠。措施如下。

1. 选择良好的取水条件

良好的取水条件，可以减少河流泥沙进入引水渠。为此，引渠取水口的位置应选择在河流的凹岸，引水角在 $30°\sim50°$ 之间，并控制弯道的转弯半径。此外，在取水口还可设拦沙底坎，以利防沙。

2. 设置沉沙池

为防止有害的或过多的泥沙进入引渠，常在引水渠上设置沉沙池。沉沙池按池箱数目可分为单箱式和多箱式（图 7-1）。单箱式冲沙或检修时，泵站要停机；多箱式可轮流冲沙，无须停机。

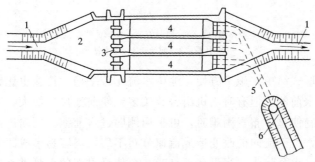

图 7-1 多箱沉沙池平面示意图

1—引渠；2—进口段；3—进水拦；4—沉沙室；
5—冲沙廊道；6—冲沙道

第二节 前池与进水池

一、前池

（一）前池的作用

在有引渠的泵站中，前池是引水渠和进水池之间的连接建筑物。前池的底部在平面上呈梯形，其短边等于引渠底宽，长边等于进水池宽度。纵剖面为一逐渐下降的斜坡与进水池池底衔接，如图 7-2 所示。它的作用是：平顺地扩散水流，将引渠的水流均匀地输送给进水池，为水泵提供良好的吸水条件；当水泵流量改变时，前池的容积起一定的调节作用，从而减小前池和引渠的水位波动。

（二）前池的形式

（1）按水流方向分，可分为正向进水前池和侧向进水前池两种形式。所谓正向进水是指前池的来水方向和进水池的进水方向一致，如图 7-2 所示。侧向进水是两者的水流方向成正交或斜交，如图 7-3 所示。

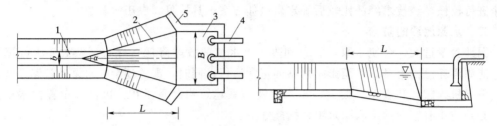

图 7-2　正向进水前池
1—引渠；2—前池；3—进水池；4—吸水管；5—翼墙

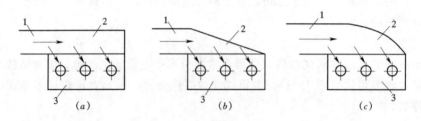

图 7-3　侧向进水前池
（a）矩形前池；（b）梯形前池；（c）曲线形前池
1—引渠；2—前池；3—进水池

正向进水前池形式简单，施工方便，池中水流比较平稳，流速也比较均匀，工程中应尽可能采用正向进水前池。但有时当机组台数较多致使前池尺寸加大，工程投资增加，或由于地形条件的限制使总体布置困难时，可采用侧向进水前池。侧向进水前池流态比较紊乱，水流条件较差，由于流向的改变造成流速分布不均匀，容易形成回流和旋涡，出现死水区和回流区，影响水泵吸水；当设计不良时，会使最里面的水泵进水条件恶化，甚至无法吸水。因此在实际工程中较少采用，当必须侧向进水时，池中宜设置导流设施（导流栅、导流墩、导流墙等），必要时通过模型试验验证。

（2）按前池中有无隔墩，可分为有隔墩和无隔墩两种形式。

（三）正向进水前池尺寸的确定

1. 前池扩散角

前池的扩散角是影响前池尺寸及池中水流流态的主要因素。水流在边界条件一定的情况下，有它的天然扩散角，亦即不发生脱壁回流的临界扩散角。如果前池扩散角 α 等于或小于水流的扩散角，则前池内不会产生脱壁回流。但 α 过小，将使前池长度加大，从而增加工程量。故前池扩散角等于水流扩散角时，最为经济合理。根据有关试验和工程实践，前池扩散角 α 一般采用 $20°\sim40°$。

2. 前池长度

在引水渠末端底宽 b 与进水池宽度 B 已知的条件下，根据已选定的扩散角 α 可以用

下式计算前池长度 L：

$$L = \frac{B - b}{2 \mathrm{tg} \dfrac{\alpha}{2}} \tag{7-1}$$

如果引水渠末端底宽与进水池宽相差很大，则按上式求出的 L 值较长，在引渠末端底部高程与进水池底部高程相差不大的情况下，可将前池平面做成折线扩散型或曲线扩散型，如图 7-4 所示。以缩短池长，节省工程量。

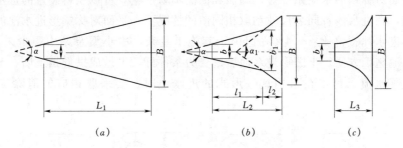

图 7-4　折线型及曲线型前池
（a）直线扩散；（b）折线扩散；（c）曲线扩散

3. 前池底坡

引水渠末端高程一般高于进水池池底，因此，当前池和进水池连接时，前池除进行平面扩散外，往往有一向进水池方向倾斜的纵坡，当此坡度太陡时，水流会产生纵向回流，水泵吸水管阻力增大，若太缓则会增加工程量，适宜的前池底坡 i 应在 $0.2 \sim 0.3$ 的范围内选取。

当 $i < 0.2 \sim 0.3$ 时，为了节省工程量，可以将前池底部前段做成水平，靠近进水池的后段做成斜坡，并使此斜坡 $i = 0.2 \sim 0.3$。

4. 前池构造

对于地基较好的前池，一般采用 M5 砂浆砌石或干砌石护底、护坡。砌石厚度通常为 $300 \sim 500$ mm。当地基条件较差时，对堤后式泵房或地下水位较高的地区，为防止渗透变形，必要时可在前池底部加做反滤层等防渗措施，以确保泵站的安全。对寒冷地区开敞式前池的边墙，宜采用直立式挡土墙，因为它的厚度较大，整体性好，抗冻胀性能较好。如果采用护坡衬砌时，应采取防冻胀措施。

二、进水池

进水池是供水泵或进水管直接吸水的建筑物，其主要作用是为水泵提供良好的吸水条件。进水池的型式和尺寸应满足水泵吸水性能好，能量损失小，水泵装置效率高，机组运行安全，安装、管理、维修方便和工程造价低的要求。试验和观测表明，进水池中水流流态对水泵进水性能具有显著影响。如果池中水流紊乱，出现旋涡，空气进入水泵，不仅会减少水泵出水量，降低水泵的效率，甚至会引起水泵汽蚀；由于旋涡时有时无且方向随时改变，还会引起水泵机组产生噪音、振动而无法工作。进水池中水流流态除取决于前池的来水外，还和进水池几何形状、尺寸、吸水管在池中的相对位置等因素直接相关，因此，必须合理选择进水池形式，正确确定进水池尺寸。

（一）进水池平面形状的选择

进水池平面形状应满足水力条件良好，同时要工程造价低，方便施工。目前使用较多的进水池有矩形、多边形、半圆形和平面对称蜗形，如图 7-5 所示。不同形式的进水池有不同的流态。矩形进水池两角和水泵（或进水管）的后侧易产生旋涡，受前池流态影响，池中易产生回流；多边形进水池基本消除了两角处的旋涡，但仍可能产生回流；半圆形进水池与矩形相比，没有两角旋涡，但如果泵吸水口安装于半圆的圆心处，易产生旋涡和回流；平面对称蜗形水流条件好，旋涡和回流不易产生，可以获得满意的进水流态。试验观测表明，在进水池各同名尺寸均取相同值的情况下，平面对称蜗形进水池的泵站装置效率较矩形进水池提高 2%～4%，但由于其施工复杂，中小型泵站中很少采用。矩形、多边形进水池施工方便。半圆形进水池后壁受力条件好，可做成拱形挡土墙，节省建筑材料。为了改善水流条件，在采用这些形式的进水池时，要采取相应的消除旋涡和回流的措施。

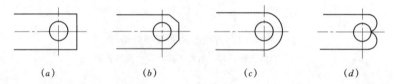

(a) (b) (c) (d)

图 7-5   进水池平面形状

(a) 矩形；(b) 多边形；(c) 半圆形；(d) 平面对称蜗形

（二）进水池尺寸的确定

1. 悬空高度 $h_{悬}$

悬空高度是指进水管口至池底的垂直距离。若悬空高度过大，会增加池深和工程量，同时还会造成如图 7-6 (b) 所示的单面进水的情况，使管口流速和压力分布不均匀，水泵效率下降；有时还会形成附壁旋涡，使水泵产生振动和噪音。若悬空高度过小，进入喇叭口的流线过于弯曲，增加进口水力损失，水泵效率下降，并会产生附底涡；同时悬空高度过小会使池底冲刷，严重的会将池底砌石的砂浆吸起。

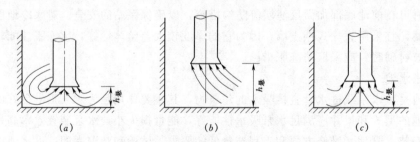

(a) (b) (c)

图 7-6   不同悬空高度进口流线形状

(a) $h_{悬}$ 过小；(b) $h_{悬}$ 过大；(c) $h_{悬}$ 适宜

据试验资料，当 $h_{悬}$ 在 $(0.3～0.8)D_{进}$ 范围内变化时，泵站装置效率基本不变；$h_{悬}$ 降到 $0.2D_{进}$ 时，泵站装置效率开始有变化。中小型立式轴流泵站设计中，悬空高度一般建议为

72

$$h_{悬} = (0.3 \sim 0.5)D_{进} \qquad (7-2)$$

其中
$$D_{进} = (1.3 \sim 1.5)D_1 \qquad (7-3)$$

式中　$D_{进}$——进水喇叭口直径；

　　　D_1——对卧式泵为进水管直径，对立式泵为叶轮直径。

对卧式水泵，由于流速和压力分布不均的进水流态，在流经吸水管的过程中得到一定程度的调整，悬空高度的确定，可以按进口阻力损失最小的原则作为选择标准。据试验分析，建议采用

$$h_{悬} = (0.6 \sim 0.8)D_{进} \qquad (7-4)$$

对于小管径取公式中较大的倍数，大管径取公式中较小的倍数。

对于立式轴流泵还要考虑安装检修的需要，$h_{悬}$不宜小于0.5m。对于任何管径，$h_{悬}$均不得小于0.3m，以防砂石及杂物吸入，损坏水泵。

2. 淹没深度 $h_{淹}$

淹没深度是指进水管口在进水池水面以下的深度，它对水泵进水性能具有决定性的影响，如果确定不当，池中将形成旋涡，甚至产生进气现象，使水泵效率下降，还可能引起机组超载、汽蚀、振动和噪音等不良后果。正确确定淹没深度 $h_{淹}$，显得十分重要。

对于具有正值吸上高的离心泵及混流泵，当进水管口弗劳德数 Fr 在 0.3～1.8 之间时，其临界淹没深度可按下式计算：

$$h_{临淹} = K_s D_{进} \qquad (7-5)$$

其中
$$K_s = 0.64(Fr + 0.65T/D_{进} + 0.75) \qquad (7-6)$$

式中　$h_{临淹}$——进水管口临界淹没深度，m；

　　　K_s——淹没系数；

　　　$D_{进}$——进水管口直径，m；

　　　T——进水管口到后墙距离，m；

　　　Fr——弗劳德数，$Fr = \dfrac{v_{进}^2}{g D_{进}}$。

若进水管立装，$h_{临}$不小于0.5m。若进水管水平安装，则管口上缘淹没深度不小于0.4m。

对于中、小型立式轴流泵，据有关试验资料，其临界淹没深度可根据后壁距来确定。当后壁距 $T = (0 \sim 0.25)D_{进}$ 时，$h_{临淹} = 0.8D_{进}$；当后壁距 $T = 0.5D_{进}$ 时，$h_{临淹} = (1.0 \sim 1.1)D_{进}$。淹没水深还应满足水泵汽蚀余量和淹没下导轴承的要求。

3. 进水池池宽及池长的确定

进水池池宽过大，除增加工程量外，还会使进水池导向作用变差，易产生旋涡；宽度过小，流速加大，管口阻力损

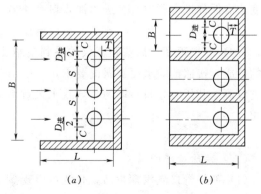

图 7-7　进水池平面图

(a) 无隔墩；(b) 有隔墩

失增加，边壁拐角易产生旋涡。进水池长度过长，有利于池中流速的调整均匀，但会增加工程量；池长过短，进水池的有效容积小，水泵启动时，进水池水位急速下降，由于淹没深度不足，造成启动困难，甚至无法启动。进水池池宽、池长可按下列方法确定。

（1）池宽 B。进水池平面尺寸如图 7-7 所示。

1）边距 C。池中只有单泵时：

$$C = D_{进} \qquad (7-7)$$

多台泵共用一池时：

当 $D_{进} < 1\text{m}$ 时，
$$C = D_{进} \qquad (7-8)$$

当 $D_{进} > 1\text{m}$ 时，
$$C = (0.5 \sim 1.0) D_{进}$$

2）间距 S：

$$S \geqslant (2 \sim 2.5) D_{进} \qquad (7-9)$$

3）池宽。对于池中只有单台泵时：

$$B = (2 \sim 3) D_{进} \qquad (7-10)$$

多台泵共用一池时：

$$B = (n-1)S + D_{进} + 2C \qquad (7-11)$$

式中　n——水泵台数。

（2）池长 L。一般根据单位时间内进水池的有效容积是总流量的多少倍来计算，即

$$L = K \frac{Q}{Bh} \qquad (7-12)$$

式中　L——池长，m；

　　　　h——在设计水位时的进水池水深，m；

　　　　Q——泵站总流量，m^3/s；

　　　　K——秒换水系数，当 $Q < 0.5\text{m}^3/\text{s}$ 时，$K = 25 \sim 30$；当 $Q > 0.5\text{m}^3/\text{s}$ 时，$K = 15 \sim 20$。

对于轴流泵站，K 取大值；离心泵站，K 取小值。需要指出，在任何情况下进水池长度均应保证进水管中心至进水池入口有 $4D_{进}$ 的距离。所以，进水池最小长度还应满足

$$L = 4.5 D_{进} + T \qquad (7-13)$$

（3）后壁距 T。后壁距不仅关系到泵站装置效率，还关系到进水池内有害旋涡和回流的形成。按照消除水面旋涡的要求，$T = 0$ 时效果最好。但对于立式泵，T 值过小，会使进口流速和压力分布不均匀，导致水泵效率下降。另外，考虑到安装检修的方便，建议采用

$$T = (0 \sim 0.25) D_{进} \qquad (7-14)$$

（三）消除旋涡的措施

（1）如果管口淹没深度 $h_{淹}$ 不足而出现旋涡时，可在进水管上加盖板或采取其他措施，如图 7-8 所示。

另外，也可在进水池中不同部位加设挡板，如图 7-9 所示。

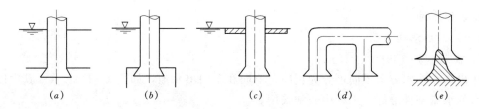

图 7-8 防涡措施之一

(a) 水下盖板；(b) 水下盖箱；(c) 水上盖板；(d) 双进水口；(e) 加导水锥

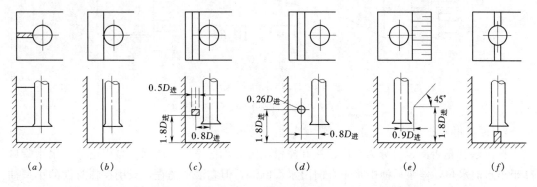

图 7-9 防涡措施之二

(a) 后墙隔板；(b) 管后隔板；(c) 水下隔板；(d) 水下隔柱；(e) 倾斜隔板；(f) 池底隔板

（2）对多台机组泵站，可在进水池中加设隔墩以稳定水流，防止旋涡，如图 7-10 所示。试验指出，隔墩应稍离后墙 [图 7-10 (a)] 或在墩壁开豁口 [图 7-10 (b)]，使各池水流相通，如此能较好地改善池中水流的条件。

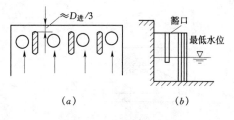

图 7-10 进水池隔墩

(a) 设隔墩；(b) 墩壁开豁口

（四）进水池构造

建在泵房前的进水池，池边墙可为直立式或斜坡式。直立边墙可采用 M5 砂浆块石砌筑。斜坡式用 M5 砂浆块石护坡。护坡厚 300mm，护底厚 300～500mm。喇叭口附近护底厚应不小于 500～700mm。其顶部浇注厚度不小于 100mm 的混凝土，以保护下层浆砌石。进水池翼墙平面布置采用曲线或直线，收缩角可采用 15°～30°。对于建在泵房下的进水池，结构与泵房统一考虑。

第三节 出水池与压力水箱

出水池和压力水箱都是泵站的出水建筑物，两者结构形式不同，前者是开敞式，后者是封闭式。出水池是一座联接压力管路和排灌干渠的扩散型水池，主要起消能稳流的作用，把压力水管射出的水流平顺而均匀地引入干渠中，以免冲刷渠道。压力水箱多用于排水泵站中，它位于压力管路和压力涵管之间，并把各管路的来水汇集起来，再由排水压力涵管输送到容泄区。

一、出水池

(一) 出水池的类型

1. 根据水流方向分类

按出水和输水方向不同可分为正向、侧向和多向出水池，如图 7-11 所示。其中以正向出水的水流条件最好，工程中经常采用。

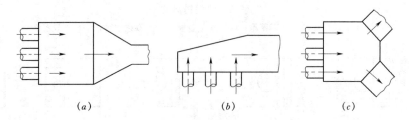

图 7-11　出水池平面形式

(a) 正向出水；(b) 侧向出水；(c) 多向出水

2. 根据出水管出流方式分类

按出水管是否淹没可分为自由出流和淹没出流，如图 7-12 所示。自由出流，出水管口高于出水池水位，停泵后池中水不会向出水管倒流，但它浪费扬程，只用在临时性的小型抽水装置中。淹没出流可以充分利用水泵的扬程，其消能效果也好。为防止停泵后出水池中水流向出水管倒流，可采用拍门式、虹吸式和溢流堰式等断流方式进行断流，如图 7-12 所示。

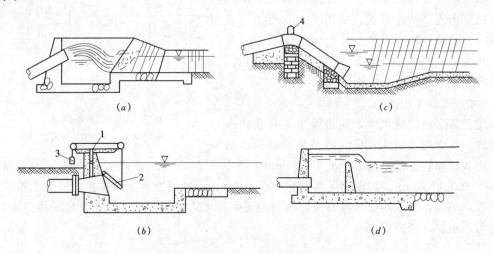

图 7-12　出水管出流方式

(a) 自由出流；(b) 拍门式淹没出流；(c) 虹吸式淹没出流；(d) 溢流堰式淹没出流

1—通气孔；2—拍门；3—平衡锤；4—真空破坏阀

(二) 出水池尺寸的确定

出水池尺寸，应根据地形、地质、出水管根数、出水管出流方式等因素确定。

当 $h_淹 < 2v_0^2/2g$ 时，为自由出流；

当 $h_淹 \geq 2v_0^2/2g$ 时，为淹没出流。

$h_{淹}$ 为出水池最低水位时的淹没水深，v_0 为出水管口处的流速。下面介绍正向出水池淹没出流各部分尺寸的确定方法（见图 7-13）。

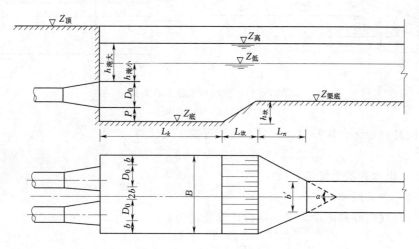

图 7-13 出水池各部尺寸图

1. 出水池长度 L_k

（1）水平淹没出流。当出水管末端为水平布置时，在淹没出流条件下，池内上部分形成表面旋滚。为了使旋滚在池内消散，其必需的池长即 L_k，可按下式计算：

$$L_k = K h_{淹大}^{0.5} \tag{7-15}$$

其中

$$K = 7 - \left(\frac{h_{坎}}{D_0} - 0.5 \right) \cdot \frac{2.4}{1 + \frac{0.5}{m^2}} \tag{7-16}$$

上二式中　L_k——出水池长度，m；

$\quad\quad h_{淹大}$——管口上缘的最大淹没水深，m；

$\quad\quad K$——试验系数；

$\quad\quad h_{坎}$——台坎高度，m；

$\quad\quad m$——台坎坡度，$m = h_{坎}/L_{坎}$；$L_{坎}$ 为斜坡水平长度，m；

$\quad\quad D_0$——出水管口直径，m。

当管口出流速度较小时，式（7-15）较为准确，但当 $v_0 \geqslant 1.5$ m/s 时，误差较大，可按下式计算：

$$L_k = K(h_{淹大} + v_0^2/2g) \tag{7-17}$$

式中　v_0——出水管口平均流速，m/s；

$\quad\quad$其它符号意义同前。

当无台坎（$m=0$）或 $h_{坎} \leqslant 0.5 D_0$ 时：

$$L_k = 7(h_{淹大} + v_0^2/2g) \tag{7-18}$$

当台坎垂直（$m=\infty$）时：

$$L_k = (8.2 - 2.4 h_{坎}/D_0)(h_{淹大} + v_0^2/2g) \tag{7-19}$$

（2）倾斜淹没出流。当出水管末端为倾斜布置时（见图 7-14），如果出水池池底和

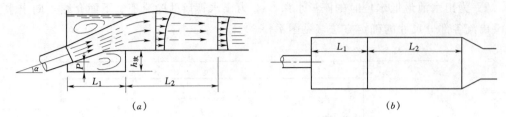

图 7-14 倾斜出流池长计算图

(a) 剖面; (b) 平面

干渠渠底同高时为无台坎布置, 这时, 池长可按下式计算:

$$L_k = 3.5 \times (2.7 - h_{淹大}) - 0.2\alpha \qquad (7-20)$$

式中 α——出水管的上倾角, (°);

其它符号含义同前。

对于有台坎的倾斜淹没出流, 池长计算公式为

$$L_k = L_1 + L_2 \qquad (7-21)$$

L_1 为前部池长, 出水管流出的主流由于受底部旋涡的挤压, 基本上不产生扩散。为了将底部旋涡限制在池坎内, 这时

$$L_1 = (h_{坎} - P)/\mathrm{tg}\alpha \qquad (7-22)$$

L_2 为坎后水流流速调整需要的长度, 它随 $h_{坎}$ 的减小而增长, 可按下式计算:

$$L_2 = 2(3D_0 - h_{坎}) \qquad (7-23)$$

上述公式适用于 $\alpha = 15° \sim 45°$ 的情况, 当 $\alpha < 15°$ 时, 按水平出流计算。

2. 出水池宽度 B

$$B = (n-1)\delta + n(D_0 + 2b) \qquad (7-24)$$

式中 B——出水池宽度, m;

n——出水管数目;

δ——隔墩厚度, m;

D_0——出水管口直径, m;

b——出水管至隔墩或距池壁的距离, m; $b = 0.5D_0$。

3. 管口上缘最小淹没深度 $h_{淹小}$

$$h_{淹小} = 2v_0^2/2g \qquad (7-25)$$

式中 $h_{淹小}$——管口上缘最小淹没深度, m;

v_0——出水管口流速, m/s。

4. 出水池底板高程 $Z_{底}$

$$Z_{底} = Z_{低} - (h_{淹小} + D_0 + P) \qquad (7-26)$$

式中 $Z_{底}$——出水池底板高程, m;

$Z_{低}$——出水池最低运行水位, m;

P——出水管口下缘距池底的垂直距离, m; 为防止管口淤塞和边缘安装维修, 一般采用 $P = 0.1 \sim 0.3$m。

5. 出水池墙顶高程 $Z_{顶}$

$$Z_{顶} = Z_{高} + a \qquad (7-27)$$

式中 $Z_{顶}$——出水池墙顶高程，m；

$Z_{低}$——出水池最高水位，m；

a——安全超高，m；参照表 7-1 选取。

6. 出水池与渠道的衔接

出水池宽度一般大于渠道底宽，为使水流平顺地进入渠道，出水池与渠道之间应设渐变段，如图 7-13 所示。渐变段的收缩角 α 采用 $30° \sim 45°$ 为宜，渐变段长度可按下式计算：

$$L_n = \frac{B - b'}{2\mathrm{tg}\alpha/2} \tag{7-28}$$

式中 L_n——渐变段长，m；

b'——渠道底宽，m；

其它符号含义同前。

为防止水流冲刷渠道，靠近渐变段渠道应该护砌，护砌长度可取渠中最大水深的 $4 \sim 5$ 倍。

（三）出水池构造

出水池的位置，一般位于泵房的陡坡顶

表 7-1　　　安 全 超 高 值

泵站流量（m³/s）	a（m）
<1	0.4
1~6	0.5
>6	0.6

部。如果出水池遭受破坏，可能危及泵站安全。因此，在出水池位置选择和建筑物设计时，要特别重视地基稳定和建筑物的安全问题。

出水池位置应结合管线和泵房位置进行选择。要求地形条件好，地面高程适宜，地基坚实稳定，渗透性小，且工程量少。出水池应尽可能修建在挖方上，如因地形条件限制，必须修建在填方上，填土应碾压密实。

对于地基条件较好的出水池，可采用浆砌石结构；地基条件差或北方地区可采用钢筋混凝土结构。建在填方上时，将出水池做成整体式结构，加大基础埋置深度，或用块石垫层，还要注意做好防渗与排水设施。

二、压力水箱

压力水箱是一种封闭式的出水池，箱内水流一般无自由水面。

（一）压力水箱的类型

（1）按出流方向分，有正向出水与侧向出水两种，如图 7-15 所示。

（2）按平面形状分，有梯形和长方形两种。

（3）按水箱结构分，有有隔墩和无隔墩两种。

试验表明，正向出水、平面形状为梯形、有隔墩的压力水箱，水流条件较好。

（二）压力水箱的结构及尺寸的确定

1. 压力水箱的结构形式

压力水箱式的出水建筑物，一般由压力水箱、压力涵管和防洪闸等组成。水箱可与泵房分建，由支架支撑，支架基础应建于挖方上，如图 7-16 所示。合建式水箱一般简支于泵房后墙上，以防两基础产生不均匀沉陷，导致水箱的破坏。

2. 压力水箱的尺寸确定

压力水箱为钢筋混凝土整体结构，其容积不宜过大。一般 $3 \sim 4$ 台水泵合用一个水箱。

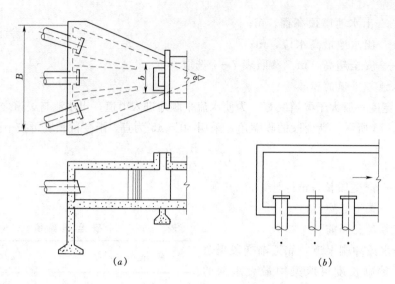

图 7-15　压力水箱出水方式

(a) 正向出水；(b) 侧向出水

水箱断面取决于箱内的设计流速，一般取 1.5～2.5m/s。同时考虑工作人员进入水箱内检修所需要的尺寸。水箱进口净宽可按下式计算：

$$B = n(D_0 + 2a) + (n-1)\delta$$
$$(7-29)$$

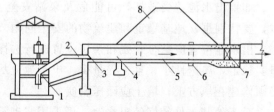

图 7-16　分建式压力水箱

1—水泵；2—出水管；3—拍门；4—压力水箱；5—出水涵管；6—伸缩缝；7—防洪闸；8—防洪堤

式中　B——水箱进口净宽，m；

n——出水管数目；

D_0——出水管口直径，m；

a——出水管边缘至隔墩或箱壁的距离，一般可取 0.25～0.3m；

δ——隔墩厚，一般可取 0.2～0.3m。

压力水箱与压力涵管相连，涵管一般采用矩形截面，水箱出口宽度 b 与涵管相等。水箱收缩角 α，一般采用 30°～45°，因此压力水箱长度 L 为

$$L = \frac{B-b}{2\text{tg}\alpha/2} \qquad (7-30)$$

水箱壁厚一般为 0.3～0.4 m。为检修方便，水箱顶部设有进入孔，一般为 0.6～1m 的正方形。盖板由钢板制成，并用螺母固定在埋设于箱壁的螺栓上，盖板和箱壁间有 2～3mm 厚的橡皮止水。

第四节　出　水　管　道

从水泵至出水池之间的一段有压管道称为出水管道。出水管道的长度、数量和管径的大小及其铺设对泵站的总投资影响较大。特别是高扬程泵站，出水管往往很长，在泵站总

投资中所占比重很大，而且还影响到泵站的运行费用。出水管道应适应水泵不同工况下的安全运行。因此，正确合理地设计出水管道显得尤为重要。

一、出水管道的管材与经济管径

1. 管材

出水管道一般为钢管、预应力钢筋混凝土管、预制钢筋混凝土管、现浇钢筋混凝土管等。目前，泵站的出水管道大多采用钢管和预应力钢筋混凝土管（国家有标准产品）。

钢管具有强度高、管壁薄、接头简单和运输方便等优点；但它易生锈，使用期限短，造价高。一般泵站，从水泵出口到一号镇墩处的出水管道，因附件多，为了安装上的方便，均采用钢管。在一些高扬程泵站中，为了承受较大的设计压力，出水管道也多采用钢管。

预应力钢筋混凝土管和钢管相比，具有节省钢材，使用年限长，输水性能好等优点；和现浇钢筋混凝土相比，又具有安装简便，施工期限短等优点。泵站设计中，在设计压力允许的情况下，尽量选用预应力钢筋混凝土管。

2. 经济管径

当管长及流量一定时，管径选得大，则流速小，水力损失小，但所需管材多，造价高。若管径选得小，则情况正好相反。因此，需要通过技术经济比较，确定经济管径。初设阶段，可利用经验公式确定，介绍如下。

（1）根据扬程、流量确定经济管径，计算公式如下：

$$D = \sqrt[7]{\frac{5.2 Q_{\max}^3}{H_{净}}} \qquad (7-31)$$

式中　D——经济管径，m；

　　$Q_{\max}$——管内最大流量，m^3/s；

　　$H_{净}$——泵站净扬程，m。

上式所确定的管径，对高扬程泵站较为适合，对低扬程泵站偏大。

（2）根据经济流速确定经济管径，按下式计算：

$$D = 1.13 \sqrt{\frac{Q}{v_{经}}} \qquad (7-32)$$

式中　D——经济管径，m；

　　Q——管路的多年平均流量，m^3/s；

　　$v_{经}$——出水管道经济流速，一般当净扬程在 50m 以下取 1.5～2.0m/s，净扬程为 50～100m 时可取 2.0～2.5m/s。

（3）简便计算公式。为计算方便也可采用下式确定经济管径：

当 $Q < 120 m^3/h$ 时，　　　　$D = 13\sqrt{Q}$

当 $Q > 120 m^3/h$ 时，　　　　$D = 11.5\sqrt{Q}$ 　　　　(7-33)

式中　D——经济管径，mm；

　　Q——水管设计流量，m^3/h。

二、出水管道的管线选择与布置

（一）管线选择

出水管管线选择，对泵站的安全运行及工程投资均有较大影响，通常须根据地形地质条件，结合泵站总体布置要求，经方案比较后确定。选线原则如下：

（1）管线应尽量垂直于等高线布置，以利管坡稳定，缩短管道长度。管线铺设角应小于土的内摩擦角，管坡一般采用1：2.5～1：3.0。

（2）管线应短而直，应尽可能减少拐弯，以减少水头损失。但当地形坡度有较大变化时，管线应变坡布置，转弯角宜小于60°，转弯半径宜大于2倍管径。

（3）出水管道应避开地质不良地段，不能避开时，应采取安全可靠的工程措施。

（4）铺设在填方上的管道，填方应压实处理，并做好排水设施。管道跨越山洪沟道时，应考虑排洪措施，设置排洪建筑物。

（5）管道在平面和立面上均须转弯且其位置相近时，宜合并成一个空间转弯角，管顶线宜布置在最低压力坡度线（发生水锤时，管内最低压力分布线）以下。当出水管道线路较长时，应在管线最高处设置排（补）气阀。

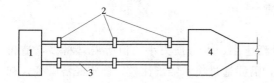 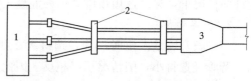

图7-17 单泵单管平行布置图　　　　　图7-18 单泵单管收缩布置图
1—泵房；2—镇墩；3—管道；4—出水池　　　　1—泵房；2—联合镇墩；3—出水池

（二）布置方式

（1）单泵单管平行布置（见图7-17）。该布置方式管线短而直，水力损失小，管路附件少，安装方便。但机组台数多，出水池宽度大。适用于机组大，台数少的情况。

（2）单泵单管收缩布置（见图7-18）。该布置方式镇墩可以合建，出水池宽度可以减小，可节省工程投资。适用机组台数较多的情况。

三、出水管道的铺设

（一）铺设方式

1. 明式铺设

出水管道露天铺设于管线地基上，如图7-19所示。铺设时管间净距不应小于0.8m，钢管底部应高出管道槽地面0.6m，预应力钢筋混凝土管承插口底部应高出管道槽地面0.3m；管槽应有排水设施，坡面应护砌，当管槽纵向坡度较陡时，应设人行阶梯便道，其宽度不宜小于1.0m；当管径大于或等于1.0m且管道较长时，应设检查孔，每条管道的检查孔不宜少于2个。明式铺设水管检修养护方便，但当管内无水期间，水管受温度变化影响较大，并需要经常性维护。金属水管多为明式铺设。

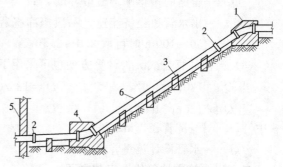

图7-19 明式铺设
1—上镇墩；2—伸缩节；3—支墩；
4—下镇墩；5—泵房后墙；6—出水管

2. 暗式铺设

出水管道埋设在管线地面以下，如图 7-20 所示。暗式铺设管道管顶应埋在最大冻土深度以下；管间净距不应小于 0.8m；埋入地下的钢管应做防锈处理，当地下水对钢管有侵蚀作用时，应采取防侵蚀措施；管道上回填土顶面应做横向及纵向排水沟；管道应设检查孔，每条管道不宜少于 2 个。该铺设方式管路受气温影响较小，但检修、养护不便。

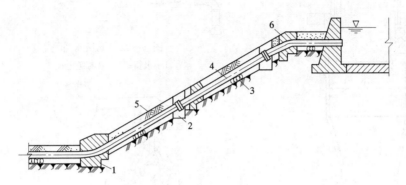

图 7-20 暗式铺设

1—下镇墩；2—检修坑；3—管床；4—出水管；5—回填土；6—上镇墩

（二）出水管路支承与伸缩节

明式水管的支承一般有支墩和镇墩，如图 7-19 所示。支墩用来承受水管的法向作用力（垂直于管轴线的作用力），减小水管挠度，并防止各管段接头的失效。除伸缩节附近外，支墩应采用等间距布置。镇墩用来对水管进行完全固定，不使它发生位移，并防止水管在运行时可能产生的振动。在水管转弯处必须设置镇墩，在长直管段也应设置镇墩，其间距不宜超过 100m。两镇墩之间的管道应设伸缩节，并应布置在上端，当温度变化时，管身可沿管轴线方向自由伸缩，以消除管壁的温度应力，减小作用在镇墩上的轴向力。图 7-21 所示为明式钢管伸缩节示意图。

暗式管道及其支承都埋入土中，如图 7-20 所示。水管固定在镇墩上，中间支承一般采用浆砌石或混凝土连续垫座，垫座包角可取 90°～135°。暗式管道的承插式接头处应设置检修坑。

四、压力水管水锤及防护措施

由于压力管道中流速的突然变化，引起管道中水流压力急剧升高或降低的现象称为水锤或水击，通常把水泵启动产生的水锤叫启动水锤；关闭阀门产生的水锤叫关阀水锤；停泵产生的水锤叫停泵水锤。前两种水锤只要按正常程序进行操作，不会危及水泵装置的安全。最危险的是由于突然停电或误操作造成的停泵水锤。它往往压力很大，一般可达到正常压力的 1.5～4 倍，甚至更大。常造成机组损坏、水管开裂等事故。因此对停泵水锤应采取必要的防护措施。

水锤的防护措施有以下几种。

1. 防止压力过大的措施

（1）合理选择出水管路的直径，控制管口流速，使水锤压力值较小。

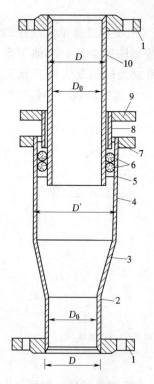

图 7-21 伸缩节结构示意图

1—法兰盘；2—焊接钢管；
3—异径管；4—钢制套管；
5—挡圈；6—橡胶圈；
7、9—翼盘；8—短管；
10—焊接钢管

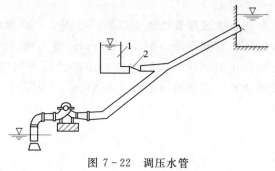

图 7-22 调压水管

1—水箱；2—单向逆止阀

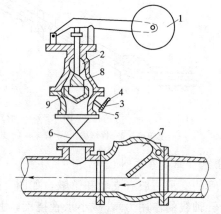

图 7-23 下开式水锤消除器

1—重锤；2—排水口；3—三通管；4—压力表；
5—放气门；6—截流闸阀；7—逆止阀；
8—阀瓣；9—分水锥

（2）在逆止阀的出水侧或在可能形成水柱中断的转折处设置调压水箱，以便在停泵的初始阶段向管中充水，防止过大降压，如图 7-22 所示。

2. 防止增压过大的措施

（1）装设水锤消除器。水锤消除器是一个具有一定泄水能力的安全阀，它安装在逆止阀的出水侧。正常工作时，阀板与密合圈相密合，消除器处于关闭状态。当停泵后，先是管中压力降低，阀瓣落下，排水口打开；随后管中压力升高，管中一部分高压水由排水口泄走。从而达到减弱增压、保护管道的目的，如图 7-23 所示。

（2）安设爆破薄膜。在逆止阀出水侧主管道上安装一支管，在其端部用一薄金属片密封。当管中增压超过预定值时，膜片破裂，放出水流降低管内压力，从而保证设备的安全。

（3）安装缓闭阀。当事故停机时，缓闭阀可按预定的时间和程序自动关闭。缓闭阀有缓闭逆止阀、缓闭蝶阀等形式。

五、镇墩

在管路的转弯处和斜坡上的长管段，为了消除管路在正常运行和事故停机时，左右、上下振动和位移，都必须设置镇墩，以维持管路的稳定。

镇墩可分为封闭式和开敞式两种，如图7-24所示。封闭式镇墩结构简单，对水管固定较好，应用较普遍；开敞式镇墩易于检修，但镇墩处管壁受力不够均匀，用于作用力不大的情况。

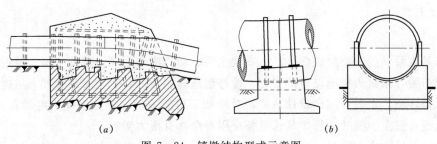

图7-24 镇墩结构型式示意图

(a) 封闭式；(b) 开敞式

第八章 水泵站的泵房

泵房是水泵站的主要组成部分，是安装水泵、动力机与附属设备的房屋。通过内部设备的合理布置，泵房为机电设备的安装、检修创造有利条件，也为泵站管理人员提供一个较好的工作环境。正确合理地设计泵房，对降低泵房的造价，充分发挥机电设备的作用，保证机电设备安全、高效运行，延长设备使用寿命都有很大影响。

泵房的设计内容主要是：泵房结构型式的选择，泵房的内部布置，泵房的尺寸确定与结构设计等。

第一节 泵房的结构型式

泵房按结构型式不同，分为固定式泵房与移动式泵房两大类，固定式泵房有分基型、干室型、湿室型与块基型四种，移动式泵房有囤船式与缆车式两种。泵房结构型式的影响因素很多，主要影响因素是：水泵与动力机的类型、容量的大小与传动方式，进水池水位的变化幅度的大小，泵站站址处的地形与地质条件等。

一、固定式泵房

固定式泵房的房屋与内部的机电设备是固定的，不随进水池水位的变化而改变位置。分基型、干室型、湿室型与块基型泵房都是固定式泵房。中、小型泵站中采用分基型、干室型、湿室型固定式泵房，其结构型式与适用情况各不相同。

（一）分基型泵房

分基型泵房的结构与单屋工业厂房相似，主要特点是水泵机组的基础与泵房的基础分开建造。泵房的地板与室外地面高于进水池水位，泵房无水下结构，所以泵房结构简单，材料来源广，施工容易，工程造价低。进水池与泵房分开，泵房的地板较高，通风、采光与防潮都比较好，有利于机组的运行与维护。分基型泵房适用以下情况：

（1）进水池水位变幅小于水泵的有效吸程 $H_{效吸}$，$H_{效吸}$ 等于水泵的允许吸水高度减去泵轴到泵房地板的高度，如图 8-1 所示。

（2）适合安装中、小型卧式离心泵和混流泵机组。

（3）泵房处的地质条件较好，地下水位低于泵房的基础。

分基型泵房进水侧岸坡，可采用以下两种形式：①如地质条件较好，可将进水侧岸坡做成护坡，如图 8-1 所示；②如地质条件较差，可将进水侧做成挡土墙，以增加泵房的稳定性，如图 8-2 所示。

泵房与进水池之间应有一段水平距离，作为检修进水池、进水管与拦污栅等的工作便道，而且对泵房的稳定与施工等也有利。

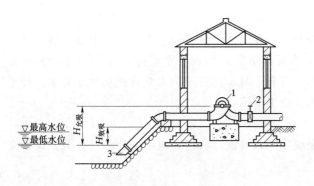

图 8-1 护坡式分基型泵房
1—水泵；2—闸阀；3—平削管

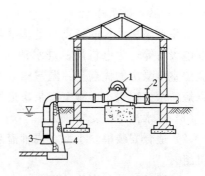

图 8-2 挡土墙式分基型泵房
1—水泵；2—闸阀；3—进水喇叭管；4—挡土墙

（二）干室型泵房

当水源水位变幅超过水泵的有效吸程，站址处的地下水位又较高时，宜采用干室型泵房。为防止洪水淹没泵房，导致地下水渗入泵房，将泵房的底板与洪水位以下泵房的侧墙浇筑成钢筋混凝土整体结构，使泵房底部形成一个防水的地下干室。水泵机组安装在干室内，所以称为干室型泵房，如图 8-3 所示。

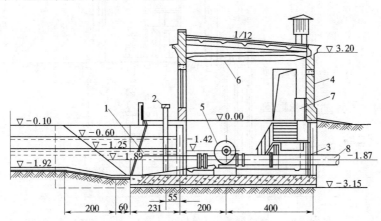

图 8-3 干室型泵房（单位：高程 m，尺寸 cm）
1—进水管；2—检修闸门；3—地下干室；4—地面部分；
5—双吸水泵；6—吊车；7—控制柜；8—出水管

干室型泵房水下结构复杂、工程量大，造价高，它适合用于以下情况：

（1）进水池水位变幅大于水泵有效吸程。

（2）卧式或立式离心泵与混流泵机组。

（3）泵房的地基承载力较小。

（4）地下水位较高。

干室型泵房的平面形状常采用矩形和圆形。矩形干室型泵房适用于水泵台数较多的情况，圆形干室型泵房适用于水源水位变幅较大（如 8～10m 以上），机组台数较少的情况。圆形干室型泵房受力条件好，节省建材，但当地下干室较深时，需增设通风设备。

（三）湿室型泵房

湿室型泵房结构的特点是进水池与泵房合并建造，泵房分上下两层，上层安装电动机与配电设备等，为电机层；进水池布置在泵房下面，形成一个湿室，安装水泵，为水泵层。湿室型泵房的优点是：湿室内有水，有利于泵房的稳定；水泵直接从湿室吸水、吸水管路短，水头损失小。湿室型泵房适用于以下情况：

（1）进水池水位变幅较大。

（2）适合安装中、小型立式轴流泵或导叶式混流泵机组，也可安装中、小型卧式轴流泵机组。

（3）站址处地下水位较高。

湿室型泵房按其结构特点又可分为墩墙型、排架型、箱型与圆筒型，较常用的是墩墙型、排架型。

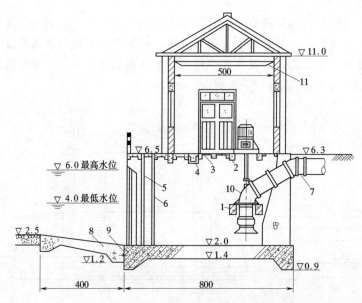

图 8-4　墩墙型泵房（单位：高程 m，尺寸 cm）

1—水泵梁；2—电机梁；3—楼板；4—电缆沟；5—拦污栅；6—检修门槽；7—柔性接头；
8—防渗铺盖；9—水平止水；10—立式轴流泵；11—吊车

1. 墩墙型泵房

泵房的水泵层由墙与墩组成，除进水侧外，其余三面都建有挡土墙，水泵与水泵之间有隔墩；每台水泵都有独立的进水池，板、梁直接设置于墙与墩上，故称其为墩墙型泵房。图 8-4 是一个安装立式轴流泵的墩墙型泵房，其结构与设备如图所示。

墩墙型泵房的吸水条件较好，每个进水池单独设检修闸门，检修方便；泵房结

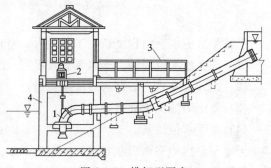

图 8-5　排架型泵房

1—轴流泵；2—电动机；3—交通桥；4—排架

构简单、施工容易。但由于墙外填土，泵房受到较大的土压力，为满足抗滑稳定，有时需增大泵房重量，导致工程量增加，地基应力加大。所以墩墙型泵房适用于地基条件较好的地段。

2. 排架型泵房

排架型泵房的水泵层为钢筋混凝土排架，四面都可以进水。用交通桥与地面联系，如图 8-5 所示。

排架型泵房结构轻、材料省、地基应力小，四面环水，不需考虑泵房的抗浮与抗滑稳定问题。但是泵房四周的护砌工程量较大，钢筋与水泥的用量较多，施工困难，工程造价较高。

第二节 泵房尺寸确定

一、泵房内部布置

泵房的型式确定后，便可以根据所选机组的类型进行泵房的内部布置，确定泵房的尺寸和控制高程。泵房内除安装主机组外，还安装有辅助设备，以满足机组的正常启动、运行、停机与检修等。主机组由主水泵、动力机与传动设备组成；辅助设备有充水、起重、配电、检修、排水、通风等设备。根据泵房的生产过程和设备的操作要求，各设备之间应有一定的距离，设备也占用一定的空间，所以泵房的尺寸要根据泵房内的设备布置来确定。布置内容不同，布置方式不同，泵房的尺寸也不同。泵房内部布置的原则是：合理布置主机组，力争在满足主机组安装、运行与检修等的条件下，尽量减小泵房的尺寸；辅助设备的布置应灵活，不影响主机组，且不因布置辅助设备而过多增加泵房的尺寸。

（一）主机组的布置

主机组布置在泵房的中央部分，称为主泵房；检修间和配电间可布置在泵房的一端或一侧，称为辅助泵房。主机组的布置形式是泵房尺寸大小的决定因素，常有三种布置形式。

1. 一列式布置

主机组布置在同一条直线上，沿泵房的纵向布置成一列，主机组的轴线平行泵房的纵轴线，如图 8-6（a）所示。一列式布置简单、整齐，泵房的跨度较小，可用于布置卧式机组，也可以用于布置立式机组。当机组数量较多时，泵房的长度较大，水泵站的前池与进水池的宽度也会相应加大，增加土方工程量。

2. 单排平行布置

各机组的轴线平行，沿泵房的纵向布置成一排，如图 8-6（b）所示。这种布置形式适合泵房有多台单吸离心泵机组的情况。泵房的长度和进水池的宽度较小，但泵房的跨度较大。

3. 双列交错布置

主机组布置成两列，两行主机组的轴线平行于泵房的纵轴线，动力机和水泵的位置是相互交错布置的，如图 8-6（c）所示。这种布置形式适合泵房内有多台双吸离心泵的情况，可以缩短泵房的长度，但增加了泵房的跨度，同时机组的运行管理也不方便。采用此种布置形式应注意对水泵进行调向，购买水泵应向供货单位明确提出要求。

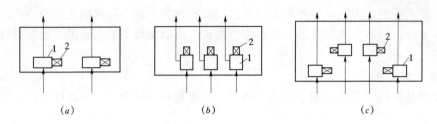

图 8-6　主机组的布置

(a) 一列式布置；(b) 单排平行布置；(c) 双列交错布置

1—水泵；2—电动机

（二）辅助设备布置

1. 配电设备布置

配电设备是由仪表、开关、保护装置与母线等组成的配电柜或配电箱，每台主机组一般应配置一台。配电柜的布置形式常采用两种，即集中布置和分散布置。分散布置是把配电柜布置在主机组一旁的空地上，不增加泵房的尺寸，便于对立式机组操作控制；集中布置是把配电柜都集中起来布置在主泵房的一端或一侧。集中一端布置，不影响泵房的跨度，也不影响泵房的通风与采光。但是机组数量较多时电缆太长，管理人员也不便监视远处机组的运行情况。集中一侧布置是把配电柜集中布置在泵房出水侧的中部，便于监视泵房内全部主机的运行情况。但是配电柜要占用一定的空间，会增大泵房的跨度，也影响泵房的通风与采光。配电柜布置所需的面积，即是配电间的面积，应根据配电柜的数量、尺寸、必要的操作空间与安全运行空间来确定。配电柜的类型很多，不同规格尺寸差别较大，维护方式也不相同。有的可靠墙设置，有的则不能靠墙设置，应根据要求布置。配电柜前应有一定的安全操作空间，通常为 1.5～2.0m。

为防止电器设备受潮损坏，配电间的地板高程应高于主泵房的地板高程，常与泵房内的交通道布置在同一高程上。配电间与主泵房之间是否设置隔墙，应根据设备布置情况与运行管理要求来确定。如果设置隔墙，应在隔墙设一个交通门。另外，配电间还要设一个向外面开启的便门，作为事故时的安全门。

2. 检修间的布置

检修间经常布置于泵房大门的一端，便于运输设备。检修间的平面尺寸应能放得下泵房内的最大设备，四周还要有足够的检修空间。一些泵房内设备重量较大，考虑到载重汽车驶入检修间运输设备，检修间的尺寸应满足汽车顺利进出。检修间与主泵房之间不设隔墙，以方便设备搬运。检修间地板高程应略高于室外地面，既防止室外雨水流入，又不影响车辆行走。小型泵房内一般不设专门的检修间，而是利用两机组之间的空地来检修机组。

3. 充水设备布置

安装高程高于进水池水位的水泵，启动前必须先充水才能启动水泵。小型水泵采用人工灌水方法启动，口径大于 300mm，台数较多时，要用真空泵抽气充水启动。真空泵与其他设备组成一个真空泵抽气充水系统，其位置应合理布置，否则会影响主机组的运行。为不增加泵房尺寸，常把真空泵抽气充水系统布置在墙角处或主机组进水管道间的空地上。

4. 交通道的布置

泵房内的交通道应沿泵房的长度方向布置，贯通整个水泵房，便于管理人员通行、巡视与搬运设备等。交通道的宽度应不小于 1.5m，道顶高程可依具体而定。分基型泵房的交通道常设在泵房的出水侧靠墙处，道顶高于管顶，并留有一定的检修空间。有的泵房内的交通道兼作闸阀的操作平台，道顶高程还要考虑闸阀的操作要求。交通道与主泵房地板之间应设踏步，以方便管理人员行走。

5. 排水设备布置

排水设备是用于排除泵房内的积水的，常采用明沟排水。沿泵房的纵向设置主排水沟，沟底以 2% 左右的斜坡通向排出口；再设若干条辅助排水沟，通向需排水的设备处，组成一个简单的排水系统。主排水沟出口处水位高于进水池水位时，排水系统自流排水；如进水池水位较高，不能自排，应在排水出口处建集水井，用排水泵抽排。

6. 起重设备布置

起重设备是安装与检修机组等较重设备时起吊、搬运用的，有多种型式多种规格。泵房内最重设备重量如不超过 1t，可不设固定起吊设备，用三脚架装手动葫芦起吊设备。若泵房内设备较多，且起重量不超过 5t，可设带葫芦的手动（或电动）单轨迹滑车，如图 8-7 所示。工字钢固定在泵房屋顶的承重构件上（屋面大梁或屋架下弦），滑车沿钢轨作直线运行。

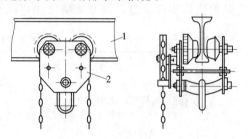

图 8-7　手动单轨滑车
1—工字钢；2—手动单轨滑车

7. 通风设备的布置

水泵站的泵房大多位于坡脚处，地势低，通风条件较差。泵房通风不良，容易造成室内湿度大，温度高，使机组效率下降，设备老化过快，使用寿命短，不利于运行管理人员的身心健康。所以要处理好泵房的通风问题，对深度较大的干室型泵房，更应处理好通风问题。

泵房的通风方式有自然通风和机械通风，有条件的尽可能采用自然通风。自然通风，一般是在泵房的两侧墙的中部设高低两层通风窗，窗口总面积应不小于室内地面面积的 25%。上下两层窗的距离应大一些，以利于提高通风效果。自然通风是利用热压通风和风压通风，有风时靠风压通风，泵房的一侧进风，一侧出风；无风时靠热压通风，下层窗进风，上层窗出风。如果自然通风无法满足泵房通风散热的要求，需采机械通风，利用风扇（或风机）通风换气。

二、泵房尺寸确定

泵房的尺寸是根据泵房内部设备的布置、建筑材料的供应情况、泵房的结构型式等确定的，泵房的尺寸应符合建筑模数 M_0 的要求，即应为建筑模数的整数倍，否则应进行调整。下面以分基型、湿室型泵房为例说明泵房尺寸确定的方法。

（一）分基型泵房

1. 泵房的平面尺寸

（1）泵房的长度。泵房的长度是指泵房两山墙轴线间的距离 L，如图 8-8

（b）所示。

泵房的长度 L 由设备尺寸满足设备安装、检修与交通要求的尺寸，以及山墙的厚度等来确定。L 可由下式计算：

$$L = n(l_0 + l_1) + L_1 + L_2 \tag{8-1}$$

式中　L——泵房的长度，mm；

　　　n——主机组的台数；

L_1、L_2——配电间与检修间的开间，mm；

　　　l_0——主机组基础的长度，mm；

　　　l_1——两主机组基础间的距离，mm；可查阅表 8-1。

沿泵房的纵轴方向，泵房立轴的中心距 L_0 称为柱距或开间。水泵的进水管与出水管应从两立柱中部穿过，避开侧墙立柱，以免影响泵体的整体结构与稳定性。

表 8-1　　　　　　　　　　泵 房 内 设 备 的 间 距

序　号	设 置 布 置 情 况	最 小 距 离　（m）
1	两机组基础之间的距离 （1）电动机功率大于 50kW （2）电动机功率小于 50kW	1.2 0.8
2	机组顶端至墙壁的距离或相邻两机组的间距 （1）电动机功率大于 50kW （2）电动机功率小于 50kW	应保证泵轴或电动机转子检修时可拆卸，且不小于 1.2 要求同上，且不小于 0.8

（2）泵房的跨度。泵房的跨度是指泵房屋面大梁（或屋架）的跨度，即泵房进、出水侧墙（或柱）轴线间的尺寸。跨度的大小由水泵、管道、附件的长度，设备安装、检修空间与操作空间等来确定。图 8-8（b）中泵房的跨度 B 是轴线 A 与 B 之间的距离，可由下式计算：

$$B = b_0 + b_1 + b_2 + b_3 + b_4 + b_5 + b_6 + b_7 + b_8 \tag{8-2}$$

式中　B——泵房的跨度，mm；

b_1、b_8——轴线以内墙的厚度，mm；

　　　b_2——装拆水管所需的空间；常不小于 300mm；

　　　b_3——偏心渐缩管的长度，mm；

　　　b_0——水泵的长度，mm；可由水泵样本查得；

　　　b_4——渐扩管的长度，mm；

　　　b_5——水平接管的长度，mm；

　　　b_6——闸阀的长度，mm；由闸阀产品样本查得；

　　　b_7——交通道的宽度，mm。

如果水泵出水管上设有逆止阀，一般应设在泵房外面。若逆止阀装在泵房内，则泵房的跨应计入逆止阀的长度。

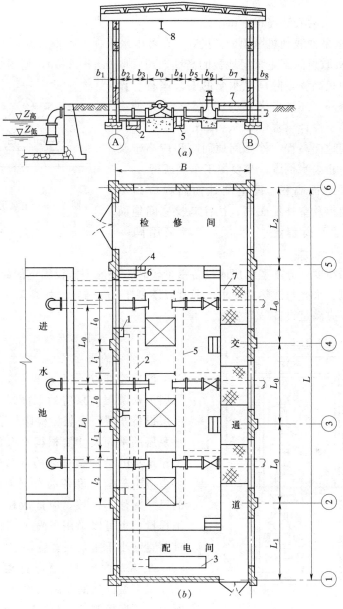

图 8-8 分基型泵房布置图

(a) 剖面图；(b) 平面图

1—启动器；2—电缆沟；3—配电柜；4—真空泵；

5—排水沟；6—踏步；7—花纹钢盖板；8—单轨吊车

2. 泵房的高度

泵房的高度是指泵房地板到屋盖承重构件下表面的垂直距离，由水泵的安装高程、设备尺寸，安装、检修与吊运要求等来确定。

（1）主泵房的地板高程。主泵房的地板高程可根据水泵安装高程按下式计算：

$$Z_{地} = Z_{安} - H_1 - H_2 \tag{8-3}$$

式中　$Z_{地}$——主泵房的地板高程，m；

　　　$Z_{安}$——水泵的安装高程，m；

　　　H_1——水泵轴线到机墩顶的高度，m，可由水泵样本查得；

　　　H_2——机墩顶面到主泵房地板的高度，通常取 0.1～0.3m，见图 8-9。

主泵房的地板高程，除满足水泵的安装高程、设备的安装与检修外，还要考虑到洪水的影响，常使主泵的地板高程高于设计供水位 0.5～1.0m。

（2）检修间地面高程。检修间地面高程应高于泵房外地面，既防止雨水倒灌，又要便于车辆通行。

（3）配电间地面高程。配电间地面高程应高一些，比主泵房地板及室外地面高。往往与检修间地面高程、交通道道顶高程统一考虑，三者采用同一高程。

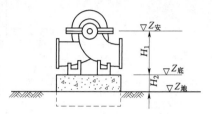

图 8-9　主泵房的地板高程

（4）泵房的高度。分基型泵房内设备重量较轻，一般不需设固定的起吊设备，泵房的高度只考虑通风、采光与散热的要求，通常以不低于 4m 为宜。如果泵房内设有固定起吊设备，泵房高度应满足设备吊运要求。

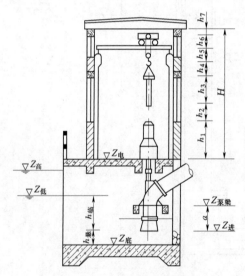

图 8-10　湿室型泵房剖面图

（二）湿室型泵房

1. 泵房的平面尺寸

湿室型泵房分上下两层，上层为电机层，下层为水泵层，泵房的平面尺寸要同时满足上下层设备布置、安装、检修与运行管理的要求。水泵层的平面尺寸要根据水泵的吸水条件和水工建筑物的结构型式来确定，电机层的尺寸要由主机组与辅助设备的布置来确定，上下两层的尺寸往往不一致，应选取较大尺寸。为节省工程量，也可以采用下宽上窄的布置形式，电机层宽度小于水泵层宽度，如图 8-10 所示。

2. 泵房的控制高程与高度

湿室型泵房的控制高程比较多，如图 8-10 所示。泵房控制高程与高度确定方法如下：

（1）泵进水管口高程 $Z_{进}$。$Z_{进}$ 要满足水泵汽蚀性能要求，即满足下式：

$$Z_{进} = Z_{低} - h_{临} \tag{8-4}$$

式中　$Z_{低}$——进水池最低运行水位，m；

　　　$h_{临}$——进水管口的临界淹没深度，m。

（2）泵房的底板高程 $Z_{底}$：

$$Z_{底} = Z_{进} - h_{悬} \tag{8-5}$$

式中　$h_{悬}$——进水管口的悬空高度，m。

（3）水泵梁梁顶高程 $Z_{泵梁}$：

$$Z_{泵梁} = Z_{进} + a \tag{8-6}$$

式中　a——水泵进水管口到水泵梁梁顶的高度，m；可由水泵样本查得。

（4）电机层楼面高程 $Z_{电}$。$Z_{电}$ 应高于进水池设计洪水 $0.5 \sim 1.0$m，还应高出室外地 $0.2 \sim 0.5$m。水泵的安装高程已确定，泵轴与传动轴的长度有一定的要求，不能取任意长度，所以电机层楼面高程的确定还需考虑电动机与水泵的联接问题。

（5）泵房的高度 H。泵房的高度 H 是指从电机层楼面到泵房屋面大梁下沿的高度。可由下式计算：

$$H = h_1 + h_2 + h_3 + h_4 + h_5 + h_6 + h_7 \tag{8-7}$$

式中　h_1——电机顶端到电机层楼面高度，m；

h_2——起吊设备底部到电机顶端的安全运行空间；通常取 $0.3 \sim 0.5$m；

h_3——泵房内最高设备的高度，m；

h_4——起吊绳索的最小高度，m；

h_5——吊钩最高位到吊车轨顶的高度，m；

h_6——吊车轨顶到吊车最高点的高度，m；

h_7——吊车最高点到屋面大梁底的安全运行高度；通常不小于 0.3m。

第三节　泵房结构设计

水泵站的泵房由基础、墙体、楼地面、楼梯、机组基础、水泵梁、电机梁、屋盖与门窗等组成，泵房类型不同，其结构组成也不同。本节只对中小泵型泵房中特有的构件——机组基础、水泵梁、电机梁作简单介绍，对一般的房屋构件不做介绍。

一、水泵机组基础设计

水泵机组基础的作用是固定机组的位置，承受机组的自重与机组运行的振动。机组基础设计要满足以下要求：①机组基础必须有足够大的强度与刚度，防止开裂与不均匀沉陷；②机组基础的形状和尺寸必须满足机组安装与基础构造要求；③机组基础必须有足够的重量，以控制机组的位置与振动，且不能发生共振。一般要求基础重量大于 2.5 倍机组的重量。

1. 机组基础的尺寸

小型卧式机组常带有底座，中型卧式机组常不带底座，应根据不同情况确定卧式机组基础的尺寸。

（1）带底座的机组基础。基础的长度等于底座长度再加上 $150 \sim 200$mm，基础的宽度等于底座的宽度再加上 $150 \sim 200$mm，基础的高度等于底脚螺栓的埋置深度再加上 $150 \sim 200$mm。

（2）不带底座的机组基础。机组基础的平面

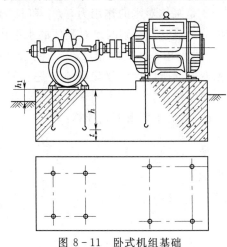

图 8-11　卧式机组基础

尺寸应根据水泵样本中的安装尺寸来确定。机组地脚螺栓的螺孔中心，离机墩边缘的距离应不少于 $200\sim250\text{mm}$，如图 8-11 所示。机组基础的高度根据螺栓的最小埋深 h 和螺栓下缘的距离 t 来确定，t 值不少于 $150\sim200\text{mm}$。基础的最低顶面（水泵处）应高于主泵房地板 $100\sim300\text{m}$，以满足水泵机组、管道的安装与检修要求，防止积水。

表 8-2　　　　　　螺栓最小埋深表

螺栓直径 （mm）	末端有弯勾的螺栓埋深 h （mm）
<20	400
24~30	500
32~36	600
40~50	700~800

2. 机组基础的构造

机组的基础常采用 C10 或 C15 号混凝土整体浇筑，基础内布置一定量的钢筋。带底座的机组基础顶面为平面，不带底座的机组基础顶面呈阶梯状。

二、水泵梁设计

水泵梁是支承水泵泵壳的承重构件，一般由两根组成。对于水泵重量较大的机组，可在两主梁之间设置两根次梁，构成"井"字梁架，以增加其刚度与稳定性。主梁和次梁都是矩形截面，两主梁的间距要根据水泵底座的尺寸来确定，主梁的长度要根据进水池的尺寸来确定。墩墙型泵房的水泵梁为单跨梁，可按简支梁进行设计计算。

1. 水泵梁上的荷载

（1）水泵梁的自重 q。

（2）水泵固定部件。包括喇叭管、导叶体、出水弯管等的重量 G_1，可由水泵样本查得。

（3）水泵弯管至后墙之间的出水弯管重量及管中水重的一部分 G_2。

（4）动水压力。

水流经过水泵出水弯管时，由于水流方向改变，对泵体产生冲击力，冲击力经泵体传到水泵梁上。当机组因事故停机时，若拍门不能关上，出水池中水倒流回来，这是最不利的受力情况。取水泵出水弯管中的水流进行分析，计算动水压力的大小，受力情况如图 8-12 所示。

R 是泵体对水的作用力，R_x 和 R_y 是 R 在水平与竖直方向的分力，它们分别与水对泵体的水平作用力 F_x 和竖向作用力 F_y 大小相等，方向相反。F_x 使水泵梁产生水平方向上的弯曲变形，所以水泵梁设计中要进行竖向与水平方向两个方向的强度校核。

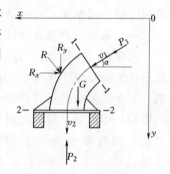

图 8-12　水泵弯管上的作用力

R_x 的大小可由下式计算：

$$R_x = P_1\cos\alpha + \rho Q v_1 \cos\alpha \qquad (8-8)$$

其中

$$P_1 = p_1 \frac{\pi D^2}{4}$$

$$p_1 = \rho g \times \left(h_1 - \frac{v_1^2}{2g} - h_损 \right)$$

式中　Q——水泵倒逆流量，m^3/s；

g——重力加速度，m/s^2；

ρ——水的密度，g/cm^3；

α——弯管出口中心线与水平线的夹角；

v_1——1-1断面的流速，m/s；

P_1——1-1断面的水压力，kN；

D——弯管直径 m；

p_1——1-1断面的平均压强，kN/m^2；

h_1——出水池最高水位与1-1断面中心高程之间的高差，m；

$h_{损}$——压力水管出口至1-1断面间的水头损失，m。

根据牛顿定律可知 F_x 等于 R_x，所以在事故停泵时，作用一根水泵梁上的水平冲击力 P_x 为

$$P_x = \mu \frac{F_x}{2} \tag{8-9}$$

式中 μ——动荷载系数，一般取 2.0。

R_y 方向垂直向上，设计时不予考虑。

2. 水泵梁的受力分析

上述四项荷载中，（1）为均布荷载，（2）和（3）为局部荷载，可简化为作用在水泵梁跨中的集中荷载。作用在一根水泵梁上的集中荷载为 P_y，P_y 等于 G_1 与 G_2 和的一半，即 $P_y = (G_1 + G_2)/2$。水泵梁按简支梁考虑，则水泵梁的计算简图见图 8-13。

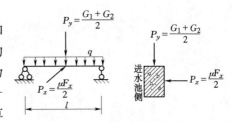

图 8-13 水泵梁计算简图

三、电机梁设计

电机梁的结构形式与水泵梁一样，也是由两根主梁组成的钢筋混凝土结构、主梁的间距要根据电动机底座的尺寸来确定，同时要考虑吊物孔的尺寸要求。

1. 电机梁上的荷载

（1）静荷载：

1）电机梁自重 q_1（kN/m）。

2）电机梁上楼板重 q_2（kN/m）。

3）楼板上的活荷载 q_3（kN/m）。根据梁板的布置方式确定。

4）电动机定子和底座重量 P_1（kN）。无资料可查时，可按电动机重量的 60% 估算。

（2）动荷载：

1）电动机转子重量 P_2。无资料可查时可按电动机重量的 40% 估算。

2）水泵泵轴与叶轮重量 P_3（kN）。

3）作用在水泵叶轮上的轴向水压力 P_4（kN）。由水泵样本查得，或者按下式估算：

$$P_4 = K\gamma \frac{\pi D^2}{4} H_{max} \tag{8-10}$$

式中 D——轴流泵的叶轮直径，m；

H_{max}——泵站的最大净扬程，m；

γ——水的重度，kN/m；

K——系数，轴流泵可取 $K=0.9$。

2. 电机梁的受力分析

电机梁上的荷载有静荷载与动荷载，为便于计算，将动荷载乘以动荷系数 u（一般取 $1.2\sim1.8$），按静荷载计算。所以作用在一根电机梁上的荷载是：

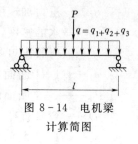

图 8-14　电机梁
计算简图

（1）均布荷载，$q=q_1+q_2+q_3$。

（2）集中荷载，$P=\dfrac{1}{2}[P_1+u(P_2+P_3+P_4)]$。

墩墙型泵房的电机梁常设成简支梁，电机梁的计算简图见图 8-14。

第九章　水泵站机组安装与管理

第一节　水泵站机组安装

水泵站机组的安装是泵站建设的一项重要内容，安装质量的高低对泵站的装置效率、机电设备的使用寿命、泵站的安全运行等都有很大影响。水泵站的水泵装置安装应遵循正确的顺序，应先安装水泵，再安装动力机、传动装置，最后安装管路及管路附件。

一、机组安装

（一）安装前的准备

水泵机组的安装是一项技术性比较强，比较复杂的工作，安装前必须做好准备工作，否则很难顺利按要求完成任务。

1. 组织安装队伍

安装前要成立安装队伍，如安装队（或安装组），明确负责人，合理配置技术人员和安装工人。安装人员必须熟悉有关资料和图纸，懂得安装规范，熟练安装方法与步骤。大中型泵站或重要的泵站的安装工程根据规定要实行施工监理制，确保安装工作的质量。

2. 安装工具准备

安装工具是安装工作中不可缺少的，一般包括扳手、管钳、手钳、手锤、锉刀、棕绳、钢丝绳、滑轮、导链、钢尺、塞尺、百分表、水准仪、千斤顶、电焊机、花杆、水准尺、撬杠等。

3. 材料准备

根据安装工作需要，安装前应准备以下材料：煤油、铅油、机油、黄油、青壳纸、橡胶垫、油麻绳、棉纱、线绳、油漆、电焊条等。

4. 编制安装进度计划

为保证安装如期完成，必须制定详细的安装进度计划，安排好各项工作的顺序和时间。

5. 设备的清点检查

设备运到工地后，应由专业人员进行技术验收，检查设备规格、数量及质量是否符合要求，检查有关技术文件与资料是否齐全。

（二）卧式机组安装

1. 机组基础施工

机组基础施工包括三阶段工作：基础放样、基础开挖与基础浇筑。基础的浇筑方法有两种，即一次浇筑和二次浇筑。小型机组基础一般采用一次浇筑，地脚螺栓与基础连接比较牢固，但易造成安装困难，机组位置不宜摆正。大中型水泵多采用二次浇筑，在前期混凝土基础上预留空洞，把地脚螺栓先串入机座螺孔，位置摆正好再浇二期混凝土固定地脚螺栓。

2. 水泵安装

水泵就位前应检查机组基础面是否水平，顶面高程是否符合要求。

（1）吊水泵。用起吊设备将水泵吊到基础上方，串入地脚螺栓，使水泵就位。

（2）中心线校正。就是要求找正水泵的纵横中心线的位置，使水泵安装到位。按图纸要求，先在机组基础面上画上泵轴中心线和泵进、出口中心线，再在水泵进、出口中心和泵轴中心分别吊垂线，然后调整水泵位置，使垂线与基础面上画的纵横中心线相对应，再使水泵就位。图9-1是一 Sh 型水泵的中心线找正图。

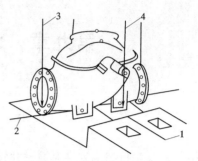

图 9-1　水泵中心线找正
1、2—基础中心线；3—管路中心线；
4—泵轴中心线

（3）水平校正。就是校正水泵纵、横向的水平，使水泵轴线在一水平内。小型离心泵可在泵轴和出口法兰面上进行测量，如图9-2和图9-3所示。

双吸离心泵可在水泵进、出口法兰上进行测量，如图9-4所示。

双吸离心泵还可在泵壳的中开面上立水准尺，用水准仪测出前、后、左、右四个点水准尺的读数。若读数相等，说明水泵的纵向和横向已水平；若读数不等，则说明水泵不水平。

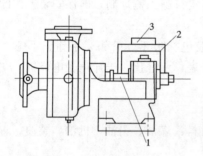

图 9-2　纵向水平找正
1—水泵轴；2—支架；3—水平仪

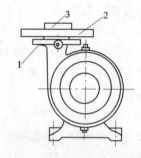

图 9-3　横向水平找正
1—水泵出水口法兰；2—水平尺；3—水平仪

对于没有达到水平的水泵，可通过调整水泵底板下垫片厚度的方法来使水泵纵、横向水平。

（4）标高校正。就是校核水泵的安装高程，校核方法是用水准仪和水准尺进行量测，如图9-5所示。

利用已知水准点上水准尺的读数和泵轴上水准尺的读数来计算水泵的安装高程，计算公式为

$$H_A = H_B + L - C - \frac{d}{2} \qquad (9-1)$$

式中　H_A——水泵的安装高程，m；

H_B——基准点 B 处的高程，m；

L——B 点水准尺的读数，m；

C——泵轴上水准尺的读数，m；

d——泵轴的直径，m。

标高若不满足，可通过调整垫块的厚度来达到要求。

中心线校正、水平校正与标高校正这三部分应反复校正才能达到要求，因为这三部分都与水泵的位置有关，水泵位置如有变化就可能不会同时满足上述三方面的要求。

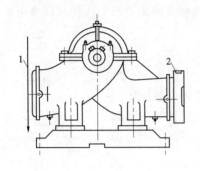

图 9-4 水泵水平找正

1—垂线；2—角尺

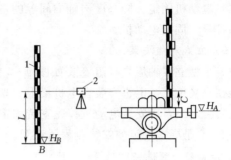

图 9-5 用水准仪找正标高

1—水准尺；2—水准仪

（5）水泵固定。水泵的中心线、水平与标高都满足要求后，便可以将地脚螺栓上的螺帽拧紧，固定水泵。

3.电动机安装

卧式水泵机组多采用联轴器传动，卧式电动机的安装应以水泵为准，移动电动机的位置，使水泵轴与电动机轴在同一直线上，并使联轴器安装符合要求。

（1）电动机就位。用起吊设备将电动机吊运在机组基础上方，使电动机就位。

（2）同心度量测与调整。要保证动力机轴和泵轴的中心线在同一直线上，防止机组运转时因轴承受力不均匀而引起发热或机组振动等现象。

安装电动机时，要先装上联轴器，在联轴器上固定两只百分表，如图 9-6 所示。慢慢转动联轴器，测出在 0°、90°、180° 与 270° 四个位置时的径向间隙 a_1、a_2、a_3、a_4，以及这四个位置的轴向间隙 b_1、b_2、b_3、b_4。计算径向偏差 (a_1-a_3) 或 (a_2-a_4)，要求

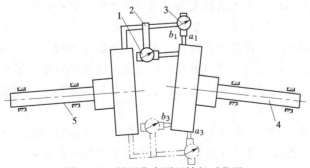

图 9-6 用百分表测两轴相对位置

1—轴向百分表；2—表架；3—径向百分表；4—水泵轴；5—电机轴

径向偏差不大于 0.1mm；计算轴向偏差 $(b_1 - b_3)$ 或 $(b_2 - b_4)$，要求轴向偏差不大于 0.2mm。如不满足要求，可移动电动机的位置，或者调整电机底板下的垫片，以调节间隙值，保证水泵轴与电动机轴中心线在同一直线上。

（3）轴向间隙量测与调整。轴向间隙是指联轴器两半轮中间的间隙，此值不宜过大或过小，常保持 2~8mm，以防止机组工作时两轴窜动而互相顶撞。轴向间隙的大小可用塞尺来量测，应与同心度量测配合进行，即既要满足同心度要求，又要同时满足轴向间隙要求。

（4）电动机固定。同心度与轴向间隙的量测、调整都满足要求后，便可以将电机的固定螺帽拧紧，固定电动机。

（三）立式机组安装

中、小型立式轴流泵机组安装如图 9-7 所示。由图可知，水泵安装在水泵梁上，电机安装在电机梁上。立式机组的安装顺序一般是先安装水泵，后安装电动机；先安装固定部件，后安装转动部件。图 9-8 是立式机组的安装流程示意图。

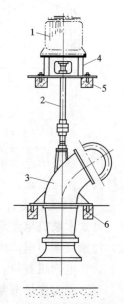

图 9-7 立式轴流泵
1—电机梁；2—传动轴；
3—水泵；4—电机梁；
5—电机架；6—水泵梁

1. 水泵梁、电机梁的检查

检查水泵梁与电机梁的高程、地脚螺栓孔的位置与孔径大小、梁的水平等，如不满足要求，应进行调整、处理。

2. 弯管、导叶组合体安装

水泵梁就位后，可把出水弯管、导叶组合体吊到水泵梁上。把出水弯管上口垫上止水橡胶垫圈，与出水管相连。以出水弯管上的导轴承面为校准面，用水平仪校正出水弯管的水平度，调整垫片使之水平，并将出水弯管与出水管连接，同时将出水弯管固定于水泵梁上。

3. 电机座安装

电机座的安装位置应通过预装确定。预装时将泵轴吊入上、下导轴承孔内，试装叶轮与叶轮外壳，测出泵轴上端联轴器的平面高程，计算出电机座的安装高程，以电机座上轴承座面为校准面，用水准仪量测其水平度，调整垫片厚度使之水平。

4. 同心校正

同心校正即校正电动机座传动轴孔与出水弯管上的泵轴孔的同心度。最简便的方法是吊锤校正法，如图 9-9 所示。先在上下轴孔内分别卡入一块不能移动的小圆板，画出上下轴孔的中心位置。在电机座轴孔木板的中心钻一小孔，将吊锤钢丝从中穿过，下垂到下轴孔处。调整电机座的位置，使吊锤对准下轴孔中心，此时可以认为同心度满足要求。除此之外，同心度的校正还可采用其他方法，如电气回路法等。

5. 传动轴、泵轴摆度的测量

测量与调整传动轴、泵轴摆度的目的是使机组轴线各部位的最大摆度在规定的允许范围内。传动轴、泵轴摆度需用盘车法来测量。将水泵机组的推力头、刚性联轴器和下导轴承三个部件的外圆分成八等份，定为八个测点。在这三个部件上各取互成 90° 的三个位置上各固定一只百分表，使表的测杆接触被测部件的外圆周表面。用人工盘车的方法慢慢转

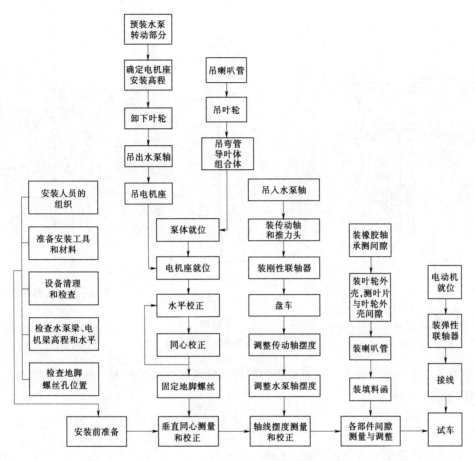

图 9-8　立式机组安装程序图

动机组，依次将各测点的百分表读数记录下来，将同一部位上互成 180°的各点读数相减，求得全摆度值。将刚性联轴器和推力头同一方位上的全摆度相减，求得刚性联轴器的净摆度值，即为传动轴的摆度。

传动轴的支承面为推力头，推力头在推力轴承上转动，传动轴的摆度主要是推力头底面与传动轴不垂直产生的，如图 9-10 所示。

若计算出的摆度值不符合要求，应进行调整。调整方法一般是刮磨推力盘底面，刮磨值可按下式计算：

$$\delta_1 = \frac{j_1 D_1}{2L_1} \tag{9-2}$$

式中　δ_1——推力头的刮磨值，mm；

j_1——刚性联轴器的净摆度，mm；

D_1——推力头底面直径，mm；

L_1——推力头至刚性联轴器的距离，mm。

传动轴的摆度合格后，再调整泵轴的摆度。泵轴的摆度是由于联轴器的法兰平面与泵轴线不垂直产生的，如图 9-11 所示。

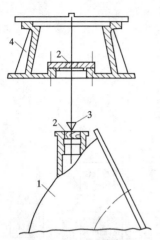

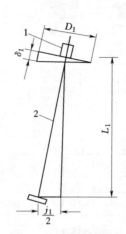

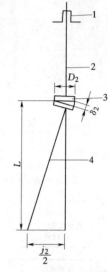

图 9-9 用吊锤校正同心度

1—出水弯管；2—定位圆木板；

3—吊锤；4—电机座

图 9-10 传动轴摆度

示意图

1—推力头；2—传动轴

图 9-11 泵轴摆度

示意图

1—推力头；2—传动轴

3—联轴器；4—泵轴

泵轴的摆度不符合要求，一般采用铲削传动轴联轴器法兰平面来解决。铲削量可由下式计算：

$$\delta_2 = \frac{j_2 D_2}{2L_2} \qquad (9-3)$$

式中　δ_2——传动轴法兰的铲削值，mm；

　　　j_2——水泵下导轴承处的净摆度，mm；

　　　D_2——联轴器法兰的直径，mm；

　　　L_2——下导轴承测点至联轴器法兰的距离，mm。

6. 各部件间隙测量

机组轴线摆度调整满足要求后，可装水泵的上、下橡胶轴承，并检查橡胶轴承与轴的间隙，使四周间隙一致。再装叶轮外壳，并测量每个叶片在不同位置与叶轮外壳的间隙，要求四周间隙均匀一致。然后，装上喇叭管，将电动机吊到电机座上，装上联轴器，经测量满足要求后固定机组。

二、管道安装

水泵机组安装完成后，便可以进行管道安装。管道安装是从水泵处开始，按设计图纸依次向进、出水池方向安装。管道安装包括进、出水管道安装与管路附件安装，本节主要介绍管道的安装。

为保证管道安装质量，管道安装前必须做好检查工作。检查管道的规格、质量是否满足要求；检查管子两端法兰盘是否齐平，法兰面上螺孔数与孔距是否一致；检查渐变管的大、小头直径、法兰面是否与螺孔位置齐平；检查各种弯管的角度和法兰面。进、出水管道最好做水压试验，检查管道有无渗漏。

（一）管道安装要求

（1）管道要求严格密封，进水管道不能漏气，出水管道不能漏水。

（2）管道安装位置要正确，应严格按设计轴线位置安装，不可随意改动管道位置。

（3）进水管道不能有存气的地方。进水管的水平段应有一定的坡度，沿水流方向管线逐渐上升，使空气能顺利排走；偏心渐缩管的平面应安装在上面，斜面在下面；水泵进口应避免直接与弯头相连，应在二者之间加装一段直管，如图9-12所示。

（4）管道的坡向、坡度要符合要求，管道连接不可用强力对口或加热管道、加偏垫等方法来消除管道接口的空隙、偏差、错口等缺陷。

（5）管道必须支承在支墩和镇墩上，不能直接铺设于地面上。水泵不宜承受阀件和管道的重量，水泵进、出口处的管道与阀件必须设支承。

（6）管道在出泵房后和进入出水池前，为避免泵房与进水池发生不均匀沉陷使管道受损坏，应在泵房与进水池处设柔性接头。

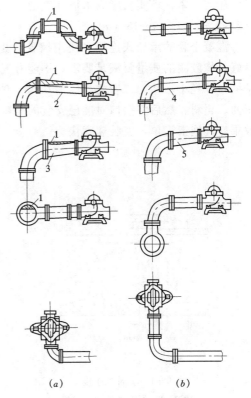

图9-12　进水管路安装图

（a）不正确安装；（b）正确安装
1—存气；2—向水泵下降；3—同心渐缩接管；
4—向水泵上升；5—偏心渐缩接管

（7）较长的出水管道，如采用刚性连接，应设伸缩节。伸缩节应与管道同心，保证自由伸缩，伸缩量满足设计要求。

（二）管道的连接

要保证管道密封良好，管道的连接是关键问题。管材不同，铺设方法不同，管道的连接方法不同，所以管道接头的安装方法也不一样。

1. 法兰盘连接

钢管大多采用法兰盘连接，它的优点是加工生产标准化，安装拆卸比较方便，法兰盘连接要保持两法兰面平行，其偏差不大于法兰外径的1.5%，且不大于2mm。安装时，在两法兰盘垫一层3～5mm的橡胶垫圈或石棉垫圈。加垫圈前，应先在法兰面上涂上白铅油。待管子位置摆正后，对称均匀地紧固法兰盘螺母。

2. 承插式连接

铸铁管、混凝土管及钢筋混凝土管多采用承插式连接，安装顺序是从坡下往坡上安装。安装前应先对承口与插口进行检查，保证两者的质量与尺寸满足要求。在连接时，管子的承口向上，管子的插口插入管子的承口中。为满足温度变化或其他因素影响，管子有一定的伸缩余地，插口端面与承口内端面之间应留有3～8mm的距离。插口外壁与承口内壁之间的间隙应均匀，其中填塞油麻辫，以阻止填料进入管内，防止压力水外漏。油麻辫应压实压紧，填实长度为承插深度的1/3。外口用石棉水泥填塞，其深度为承插深度的 1/2～2/3，如图 9-13（a）所示。

混凝土管的承插式连接多使用橡胶圈止水，如图 9-13（b）所示。为保证密封效果良好，橡胶圈的质量要满足要求，不能有气孔、裂隙、老化等问题。橡胶圈的内径应比管子插口外径小一些，二者之差应为 0.85～0.9。安装时，将橡胶圈拉伸套在插口上，不要扭曲、歪斜。然后将插口对准已安装的承口，用力将插口平顺抛入承口内。这种接头止水效果好，施工简单，安装速度快。

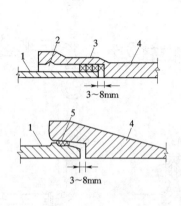

图 9-13 承插式连接
1—插口；2—石棉水泥；3—油麻
辫；4—承口；5—橡胶圈

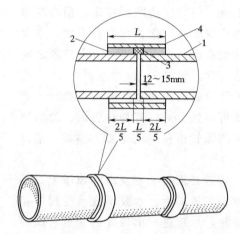

图 9-14 套管连接
1—钢筋混凝土管；2—石棉水泥；
3—油麻辫；4—套管

3. 套管连接

大口径的钢筋混凝土管多采用套管连接，如图 9-14 所示。

套管是一内径较大的钢筋混凝土短管，套管的内径比管子的外径约大 25～30mm。连接时，应在两管子端面间留有 12～15mm 的间隙，在管子与套管之间填塞 4/5 套管长度的石棉水泥与 1/5 套管长度的油麻绳，并保证管子的中心线和高程。为保证接头质量，安装前应将管子接口处外壁和套管内壁凿毛。

第二节 水泵站运行与管理

水泵站的运行与管理是水泵站经营管理中的一项重要工作，运行与管理的目的就是管好用好水泵站，提高效率，节省能源，充分发挥水泵站的作用。本节重点介绍水泵站的运行、维护、检修、管理与节能技术等。

一、水泵站运行管理

（一）水泵的运行

水泵运行的要求是安全可靠、高效、低耗。为实现这一目标，水泵站的运行管理人员应做到如下要求：严格遵守安全操作规程和各项管理制度；熟悉机电设备的构造与性能特点；熟悉掌握水泵的运行操作方法和维护技术，能正确操作，及时排除水泵的一般故障。

1. 水泵运行前的检查

水泵启动前应进行必要的检查，确保水泵能安全、高效运行。检查的主要内容如下：

（1）机组是否固定牢固，底板螺丝、联轴器螺丝等是否有松动。如有松动、脱落，应将其拧紧。

（2）机组的转动部分转动是否灵活，有无碰撞、摩擦的声音，旋转方向是否正确。

（3）填料函压紧程度是否合适，水封管是否畅通。

（4）轴承中的油量、油质是否符合要求。

（5）离心泵的进水管和泵壳内是否已充满水，底阀能否顺利打开，吸水管是否有堵塞。

（6）轴流泵、深井泵开机前是否已加水预润橡胶轴承。

（7）机组周围是否存有影响机组运行的物件，是否做好安全防护工作。

2. 水泵的运行

（1）水泵开机。离心泵充水后应将抽气孔或灌水装置的阀门关闭，立即启动动力机。待达到额定转速后，旋开真空表和压力表，观察其读数有无异常。如无异常现象，可慢慢打开出水管上的闸阀，水泵机组投入运行。

轴流泵的启动比较简当，直接启动电动机，水泵即投入运行。

（2）水泵的运行。水泵投入运行后应做好监视维护工作，通过经常性的检查可以发现水泵机组可能产生的故障，并及时加以排除，避免发展为更严重的故障，甚至造成事故。水泵运行应重点注意的问题有以下几项：

1）注意监视水泵运行是否平稳，声音是否正常。如有不正常的声音和振动，应查明产生的原因，并及时处理。

2）检查水泵填料函滴水情况是否符合规定，如不符合要求应调整压盖松紧。

3）注意轴承的温度不能过高，一般要求滑动轴承不超过 70℃，滚动轴承不得超过 95℃。温度过高，会使润滑油分解，润滑失败，造成轴承温升更高，严重时会造成泵轴咬死，甚至发生断轴事故。

4）监视真空表与压力表的读数，注意读数有无异常。如仪表读数异常，指针突然剧烈摆动，应检查原因，尽快设法处理。

5）监视进水池水位、水流情况，注意吸水管口的淹没深度，进水池中有无漩涡，有无泥沙淤积，有无杂物等。

6）寒冷地区冬季运行时，应注意防冻，避免水泵、管道及管件冻坏。

7）运行管理人员应按时记录设备运行情况，把出水量、压力表、真空表、电流表、电压表等技术参数准确记录下来。对机组的异常情况，应增加记录内容，以便于分析原因，及时排除。

3. 水泵的停机

水泵停机应按照正确的方法，采取正确的停机步骤，否则，也会出现问题。水泵类型不同，停机的方法与步骤也不同。

（1）离心泵在停机时，应先将真空表、压力表关闭，再慢慢关闭出水闸阀。等闸阀关闭到接近死点位置时，切断电源，使电动机轻载停机。

（2）轴流泵停机时，可直接切断电源，使电动机停机，然后关闭轴承润滑与冷却水阀门。

（3）深井泵停车后不能马上再次启动，以防产生水流冲击，应稍等 5～8min 以后再启动。长时间停止运行的深井泵，最好每隔几天运行一次，以防零部件锈死。

（4）水泵停机后，管理人员应对水泵等设备进行保养，冬季停机后应及时放空水泵和管道中的积水，对运行中存在的问题安排维修处理。长时间不运行的机组，最好用机罩将其保护起来，避免大量灰尘落满机体，并进入机组的油孔，轴承等处。

（二）水泵的故障与检修

水泵运行中难免出现这样或那样的故障，如果不及时排除，必然影响水泵的运行，甚至导致运行事故。故障是水泵机组运行中出现的影响正常抽水的异常现象，事故会造成设备严重损坏或人员伤亡的严重后果，必须及时排除，才能杜绝事故的发生。

1. 水泵的常见故障排除

水泵的常见故障大致可分为两大类，即水力故障和机械故障。故障的原因主要是水泵制造质量低劣、选型不合理，安装、操作与维修不当等。现将水泵常见故障、产生的原因及排除方法列于表 9-1，供参考。

表 9-1 水泵常见故障及排除

故障现象	产 生 原 因	排 除 方 法
启动后水泵不出水或出水量少	1. 启动前没有充水或未充满水 2. 底阀未打开或滤水网堵塞 3. 进水管口未淹没在水中或淹没深度不够 4. 叶轮流道被堵塞 5. 水泵转向不对或叶轮装反 6. 转速不够 7. 填料函及进水部分漏气 8. 进水管路安装不合理，存有气囊 9. 水面有漩涡，带入空气 10. 进水池水位下降或水泵安装过高 11. 水泵装置扬程大于水泵性能扬程	1. 停车重新充水 2. 修理或清除杂物 3. 降低进水管口，增加水下淹没深度 4. 打开泵盖，清除杂物 5. 调整转向，重新安装叶轮 6. 检查电压是否降低，调整转速 7. 加强密封、水封或修补管路 8. 改装进水管路，消除形成气囊部位 9. 加大进水口淹没深度或采取措施 10. 调整水泵安装高度 11. 更换水泵型号
水泵开启不动或功率过大	1. 填料压得过紧，泵轴弯曲磨损 2. 联轴器间隙过小 3. 电压过低 4. 转速过高 5. 泵内有杂物 6. 进水管吸入泥沙或泥沙堵死水泵 7. 流量过大	1. 松压盖，矫直修理泵轴 2. 调整间隙 3. 检查电路 4. 降低转速 5. 清除杂物 6. 排除泥沙 7. 适当关闭出水闸阀调节
机组有异常振动和噪音	1. 基础螺栓松动或安装不完善 2. 联轴器不同心或轴有弯曲 3. 转动部分松动或损坏 4. 轴承磨损 5. 进水管漏气 6. 叶轮孔道堵塞 7. 泵轴缺油 8. 发生汽蚀 9. 有石块落入泵内	1. 拧紧螺栓，填实基础 2. 调整同心度，矫直或更换泵轴 3. 加固松动部分，更换损坏部件 4. 更换或修理轴承 5. 检查漏气部位，进行修补 6. 清除堵塞杂物 7. 加油至要求油位 8. 降低吸水高度 9. 清除石块

故障现象	产生原因	排除方法
轴承过热	1. 轴承安装不良 2. 轴承磨损或松动 3. 轴承缺油和油太多 4. 油质差，不干净 5. 轴承损坏 6. 滑动轴承的甩油环不起作用 7. 轴向推力不平衡	1. 校正轴承 2. 修理或更换轴承 3. 调整加油量 4. 更换新油 5. 更换轴承 6. 调整油环位置和更换油环 7. 检查平衡装置
填料函过热	1. 填料压得过紧 2. 填料环位置不准 3. 填料函内冷却水不通 4. 泵轴与填料环的径向间隙过小	1. 调节填料压盖松紧 2. 调正填料环位置 3. 检查水封管路保持畅通 4. 调整好泵轴与填料函的径向间隙
填料函漏水过多	1. 填料磨损 2. 填料压得不紧 3. 水封水水质差，泵轴磨损 4. 水封水压力过大	1. 更换填料 2. 拧紧压盖或更换填料 3. 换清洁水，并修理泵轴 4. 减小水封水的压力
运行中扬程降低	1. 转速降低 2. 出水管道损坏 3. 叶轮损坏 4. 水中进入空气	1. 检查原动机及电源 2. 关小出水阀门，检查管道 3. 拆开修理 4. 检查进水管道及填料函的严密性
电机过载（轴流泵）	1. 叶片安装角过大 2. 水泵转速过大 3. 出水拍门开启度过小或装有出水闸阀没有全部打开	1. 减小叶片安装角度 2. 降低转速 3. 检查拍门和闸阀开启度过小的原因

2. 排除水泵故障应注意的事项

（1）详细了解故障发生时的情况，并进行系统地检查，以便分析，判断故障的成因。

（2）水泵发生一般故障，尽可能不要马上停机，以便在运行中观察故障情况，正确分析故障成因。

（3）先不要急于拆卸水泵，应先用听声音、听振动、看仪表等外部检查方法来判断，弄清故障的成因、位置，然后决定是否需要拆卸水泵进行检修或修理。

（4）由于水泵产生故障的原因较多，情况比较复杂，涉及的范围较广，所以应针对具体情况作具体分析，先检查经常发生与容易判断的原因，再检查比较复杂的原因。

（5）进行不停机检查时，一定要注意安全，只准进行外部检查，且不能触及旋转部件。

（6）出现突发严重故障时，应立即关机，防止事态扩大，并应采取相应的措施，保证人身安全与设备安全，避免事故发生。

3. 水泵的检修

做好水泵的保养与检修，可以排除水泵的隐患事故，恢复其正常工作性能，保证水泵正常运行，延长设备的使用寿命。

水泵的维护保养就是要求运行人员严格按照运行操作规定工作，经常对设备进行检查，及时发现故障隐患，并进行排除。水泵的检修一般指定期检修，是在水泵运行一段时间后，根据经常性维护保养情况，对水泵各部分进行详细的检查。

（1）水泵的检修项目。水泵的种类很多，构造组成有很大差别。不同等级的检修，要求检修的内容也不同，所以水泵的检修项目应根据具体情况来确定。

1）水泵的小修项目。水泵运行一定的小时（累计运行1000h左右）后，如仍能正常运转，不需将水泵全部解体，只要求进行以下小修项目：①检查并紧固各部分的连接螺丝；②清洗、检修油槽、油杯与轴承，更换润滑油；③更换填料函中已磨损、硬化的填料；④检查、调整联轴器的同心度；⑤检修、调整水泵部件的间隙；⑥检修、修理运行中发生的各种缺陷，更换有问题的零件；⑦检查橡胶轴承的磨损情况，如有必要应换用新的。

2）水泵的大修项目。水泵的大修一般在累计运行2000h以上后进行。水泵的大修是在水泵全部解体之后，对水泵进行全面的检查与缺陷处理工作。水泵大修的内容为：①水泵维修保养、小修项目；②拆卸所有的零件，并进行全面的清洗工作；③仔细检查水泵的所有零件；④更换全部有缺陷和已损坏的零件；⑤测量并调整水泵部件的间隙和机组的同心度。

3）检修工作应注意的问题：①水泵的检修应按规定进行；②水泵的拆卸与装配应按拆装顺序进行，容易混淆的部件应有标志，以防装错；③拆卸下的较大零件应放在垫板上，以防损坏；小零件应放在准备好的容器中，以免丢失；④拆卸过程中，要合理使用工具，禁止用锤头直接敲击部件，应垫上木块；⑤拆卸轴承、叶轮、联轴器等时，要用专用工具，不要随意敲打；⑥螺栓锈死时，应先浇上煤油，待渗入螺纹后再拧松。不应用其他工具随意敲打，损坏螺丝帽，只有无法拆卸时方可损坏螺丝帽；⑦拆下来的螺丝帽应与螺栓串在一起保存，以防弄混或丢失。螺丝帽与螺栓应用煤油清洗干净，等待安装时使用；⑧轴、轴承、叶轮等零件的检修工作，难度较大，工艺要求较高，最好交送专业修理工厂检修；⑨检修工作一定要注意安全，特别是起吊、转运时，要检查仔细，确保不发生事故。

（三）水泵站的管理

水泵站的管理的目的是既要确保人员、设备的安全，又要保证机组安全运行，还要降低运行成本。水泵站的管理内容包括许多，诸如组织管理、机电管理、用水管理、财务管理、工程管理等，所以要搞好水泵站的管理工作，必须建立健全科学合理的规章制度。

1．岗位职责

由于水泵站的性质、规模不同，所以管理人员的组成也不同。一般的水泵站应设站长、技术员、运行班长与值班员四个职位，他们的职责应有区别。管理人员应各负其责，并相互协调工作。

2．泵站的管理制度

建立和健全泵站管理制度是充分发挥泵站作用，提高生产效率的重要环节，制定科学合理的泵站管理制度，要做好调查研究，要从实际出发，它必须切实可行，利于管理，利于生产。各地区都可结合泵站设备的具体情况和运行规律，制定必要的安全操作规程、交接班制度等。

（1）运行维修制度。包括开停机制度、值班巡视制度和检查修理制度等。开停机制度主要包括机组的开机程序，停机程序与临时停机程序，以及有关的要求和规定等；值班巡视制度主要包括机组运行后，值班人员应尽的职责与必须遵守的规章制度等；检查修理制度主要包括对机组进行维修及全面检查时应遵循的原则和规定。

（2）交接班制度。此制度的建立主要为了加强工作人员的纪律性，组织性，增强他们的工作责任心。交接班制度主要内容包括交接班时间、交接班时工作转接、对接班人员的要求、对交接人员的要求以及责任划分等。

（3）安全生产制度。安全生产制度是保证安全生产的前提条件，泵站所有工作人员都应自觉严格遵守。安全生产制度的内容主要有以下几方面：带电、转动部分的防护；非管理人员不允许进入泵房；高压电气设备的安全操作与劳动保护；开关设备的正确操作顺序；值班人员的健康状况与精神状态。

二、泵站的节能技术

1. 泵站的能量消耗

水泵站运行过程中要消耗能量，消耗能量的多少可用能源单耗表示。

能源单耗指水泵站每提升 1000t·m 水所消耗的能量，用 e 来表示，单位是 kW·h/（kt·m）或者 kg/（kt·m）：

$$e = \frac{1000E}{GH_净} = \frac{1000E}{3.6\rho QH_净 t} \tag{9-4}$$

式中　E——水泵站运行某一时段内消耗的总电能或总燃油量；

　　　$H_净$——同一时段内水泵站的平均净扬程，m；

　　　G——同一时段内水泵站的总提水量，t；

　　　ρ——水的密度，kg/m^3；

　　　Q——同一时段内水泵站的平均流量，m^3/s；

　　　t——某一时段的小时数，h。

水泵站的能源单耗 e 越小，说明水泵站运行管理水平越高，则能量消耗越少，经济效益就好，抽水成本就低。反之，水泵站的能源单耗 e 越大，则说明水泵站运行管理水平低，能量消耗多，经济效益差，抽水成本高。

能源单耗 e 与水泵站的效率有关系，也可以通过水泵站的效率来计算。

2. 泵站的效率

水泵站的效率是指其输出功率与输入功率比值的百分数，用 $\eta_站$ 表示：

$$\eta_站 = \frac{P_出}{P_入} \times 100\% = \frac{\gamma QH_净}{1000P_入} \times 100\% \tag{9-5}$$

式中　$P_出$——水泵站某一时段的输出功率，kW；

　　　$P_入$——水泵站同一时段的输入功率，kW。

水泵站中消耗能量最多的是抽水装置，所以可用抽水装置的效率来代替水泵站的效率：

$$\eta_站 = \eta_装 = \eta_泵 \, \eta_传 \, \eta_机 \, \eta_管 \, \eta_池 \tag{9-6}$$

其中　　　　　　　　　　　　$\eta_管 = \frac{H_净}{H} \times 100\%$

式中　$\eta_{泵}$——同一时段内主水泵的效率，%；

$\eta_{传}$——同一时段内传动装置的效率，%；

$\eta_{机}$——同一时段内动力机的效率，%；

$\eta_{管}$——同一时段内管道的效率，%；

$\eta_{池}$——同一时段内进、出水池的效率，%。

以电动机为动力机的水泵站称电力泵站，其能源单耗与泵站效率有如下关系：

$$\eta_{站} = \frac{2.72}{e} \times 100\% \tag{9-7}$$

以柴油机（内燃机）为动力机的水泵站称内燃机泵站，其能源单耗与泵站的效率有如下关系：

$$\eta_{站} = \frac{0.74}{e} \times 100\% \tag{9-8}$$

上两式中，2.72 是电力泵站每千吨米功的理论耗电量（2.72kW）；0.74 是内燃机泵站每千吨米功的理论耗油量（0.74kg）。

显然，从节省能源，降低抽水成本考虑，能源单耗 e 越小越好。目前，一般要求电力泵站 $e \leqslant 5kW \cdot h/(kt \cdot m)$，内燃机站 $e \leqslant 1.35kg/(kt \cdot m)$。由式（9-7）和式（9-8）可知，电力泵站的效率应高于 54.4%，内燃机泵站的效率应高于 54.8%。所以一般要求水泵站的效率应不低于 54%～55%。

3. 泵站的节能技术

水泵站的节能，即要降低其能源单耗，提高泵站的效率，泵站的效率提高了，浪费的能源就减少了，总能源消耗也就相应减少了，也就达到了节能的目的，所以水泵站节能的实质就是提高泵站的效率。

我国的机电排灌事业发展速度很快，总装机容量在逐年增加。据统计，到 1997 年底，我国的机电排灌工程的总装机已达到 7000 多万 kW，每年要消耗大量的电能和燃油。目前，我国机电排灌站的效率普遍较低，大都低于 50%，有的仅有 30%。每年都有大量的能源被浪费了，抽水成本居高不下，加重了农民的负担，严重影响了农业的发展。所以，水泵站的节能势在必行。应结合泵站实际情况及当地的具体情况，采取行之有效的技术措施，提高泵站的效率。

（1）提高水泵的效率。水泵的效率是影响泵站效率的主要因素。水泵的效率与水泵设计、制造水平、水泵运行工况及使用情况都有关系，运行管理中可采取以下措施提高其效率。

1）选型设计中或技术改造中，选择效率高、性能好的水泵。

2）及时调节水泵工作点，保证水泵在高效区运行。

3）建站较早的泵站，大部分水泵已陈旧，效率低，性能差，应更换新型水泵。

4）加强维护保养与检修工作，及时排除水泵缺陷、更换损坏严重的部件，使水泵保持良好的工作状态。

5）防止水泵进气，减轻汽蚀的发生；控制密封间隙，减小漏水损失。

6）保证水泵安装质量，提高水泵过流部件的光洁度。

（2）提高动力机的效率：

1）合理选型配套。动力机功率应与水泵轴功率相配套，功率备用系数不宜过大或过小，避免出现轻载运行或功率不够现象。

2）控制动力机的温度。采取良好的通风降温措施，使动力机在规定的温度下运行。

3）加强维护保养和检查，使动力机始终处于良好技术状态。

（3）提高传动设备的效率：

1）联轴器传动的，要注意调整其同心度和联轴器的间隙值。

2）皮带传动的，要注意皮带的打滑和老化，采用上皮带油或更换新皮带的方法保证传动比准确，传动效率高。

（4）提高管路效率：

1）采用内壁光滑的管材，尽量减小管路长度，选用合适的管径。

2）尽量减少管路中的管件和阀件，以减少能量损失。

3）尽量采用淹没式出流，避免采用高射炮式自由出流方式。如装拍门，应设拍门的平衡装置，以减少出流阻力。

4）保证安装质量，管道的连接处要安装好，不能漏气和漏水。

5）加强日常维修保养与检查，避免管道生锈、断裂或堵塞等。

（5）提高进出水池的效率：

1）合理确定进、出水池的形状和尺寸，正确布置管路的位置。

2）清除进水池的杂物和淤泥，保证进水池内流态良好。

3）在进水池中加设导流装置和防涡设施，确保进水池中不产生回流和漩涡。

（6）其他措施。水中含沙量大，会增大水泵轴功率，增加能源消耗。另一方面，泥沙对水泵和管道造成磨损，使其效率下降。所以，控制水源的含沙量也是一项节能措施。

水泵站的不同运行方案也影响到水泵的效率，合理的运行方案无疑会降低水泵站的能源消耗，达到节能增效的目的。

第十章 其他排灌用泵

在农田排灌与乡镇供水工程中，除大量使用离心泵、混流泵与轴流泵外，还经常用到其他排灌用泵，如长轴井泵、潜水泵、水轮泵、气升泵与射流泵等。相比之下，潜水泵、长轴井泵与水轮泵用得较多，所以本章仅对这三种水泵作简单介绍。

第一节 长 轴 井 泵

长轴井泵是井灌区及渠井结合灌区广泛使用的一种水泵，乡镇供水工程中也多用它从地下水源取水。

一、长轴井泵的类型

长轴井泵的泵体部分位于井的动水位以下，地面上的动力机用一根长的传动轴把能量传给水泵，带动叶轮在井下工作，用输水管把井水引至地面。

长轴井泵的类型的划分方法较多：①根据工作原理不同可分为离心式、混流式和轴流式；②根据输水管的连接方式不同可分为套管连接式和法兰盘螺栓连接式；③根据扬程不同可分为浅井泵和深井泵；④根据叶轮型式不同可分为封闭式、半封闭式和开敞式。

农田排灌工程中，常采用第三种划分方法，即把长轴井泵分为两类：深井泵和浅井泵。浅井泵的扬程一般在50m以下，适用于井径较大的土井、砖井与大口井，应用较多的有 J（井龙）型、TJ（水龙）型井泵等；深井泵的扬程一般在50m以上，适用于井径较小的机井，应用较多的有 JD 型、JC 型、J 型与 SD 型井泵等。

长轴井泵的特点是叶轮在动水位以下工作，启动时不需灌水；动力机安装于地面，提水深度不受吸上真空高度限制。但是耗用钢材多，造价高，安装与检修困难。

由于长轴井泵与其他类型井泵相比，其结构成熟，性能稳定，工作可靠，使用方便，直至现在它仍是深井提水的常用泵种之一。而且，许多国家都在生产、使用这种水泵，并在向高转速、大口径、高扬程方向发展。

二、长轴井泵型号的意义

为便于生产和使用长轴井泵，用拼音与数字来组成其型号，反映井泵的结构特征与工作性能。下面以 JC 型与 NJ 型为例，说明井泵型号的意义：

250JC130—8×12

250——井泵适用的最小井径为 250mm；

　JC——长轴井泵；

130——井泵的流量为 130m³/h；

　8——单级扬程为 8m；

　12——叶轮的级数为 12 级。

100NJ60×4

100——井泵适用的最小井径为 100mm；

NJ——农用井泵；

60——井泵的总扬程为 60m；

4——叶轮的级数为 4 级。

三、长轴井泵的构造

在长轴井泵中，JC 型是我国近年来生产的高性能井泵，是在 JD 型的基础上研究开发的新产品。它结构紧凑，性能较好，适用范围更广，将逐步替代 JD 型。

JC 型长轴井泵的外形见图 10－1。

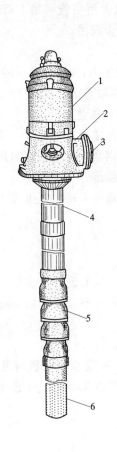

图 10－1　JC 型长轴井

泵的外形

1—电机；2—泵座；

3—出水口；4—泵管；

5—泵体；6—滤水管

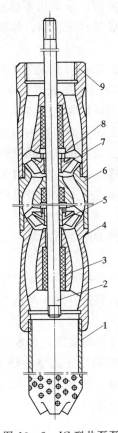

图 10－2　JC 型井泵泵

体结构图

1—滤水管；2—叶轮轴；

3—橡胶轴承；4—下导

流壳；5—锥形套；6—中

导流壳；7—叶轮；8—锁

紧螺母；9—上导流壳

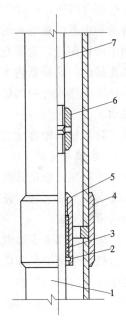

图 10－3　JC 型井泵的输

水管与传动轴

1—输水管；2—开口卡簧；

3—橡胶轴承；4—联管器；

5—轴承支架；6—联轴节；

7—传动轴

它由滤水管与泵体、输水管与传动轴及泵座与动力机三部分组成。

（一）滤水管与泵体

滤水管是用来防止杂物进入水泵、损坏水泵的，它由滤水管段与直管段组成。滤水管段在下部，管壁上均布置着一些进水孔，孔径一般在 $10 \sim 25\text{mm}$。直管段在上部，有一定的长度，其主要作用是稳定水流，使水流平顺地进入水泵内。滤水管段与直管段是一个完整的短管，下端封闭，上端用螺纹与下导流壳相连。

泵体主要由导流壳、叶轮、泵轴与橡胶轴承等组成，其结构组成如图 10-2 所示。

导流壳是井泵的重要过流泵件，其作用是将水流平顺地引进和引出叶轮，分上、中与下导流壳。上、下导流壳各一个，中导流壳比叶轮级数少一个。导流壳一般由铸铁铸成，由导叶、轴承孔与导叶外壳组成。导流壳之间可采用螺栓法兰连接，也可采用螺纹连接。叶轮多采用离心式或混流式叶轮，其形式和作用与一般的叶片式泵相同。叶轮与泵轴的固定是靠锥形套或键加轴套实现的，叶轮级数一般是多级的。

泵轴长期浸于水中，容易生锈，所以常采用不锈钢泵轴，或者用中碳钢加工后镀铬。泵轴的位置由上、下导流壳中的橡胶轴承来控制，橡胶轴承靠水来润滑。

（二）输水管与传动轴

输水管是连接泵体与泵座的管道，把水由井下送至地面，还承受重力，控制传动轴的位置。输水管多为钢管，由上、下两根短管和若干根等长的管段连接而成，每段管子长度在 $2 \sim 2.5\text{m}$。管子的连接有两种方式，管径较小时用联管器连接，管径较大时用螺栓法兰连接。

传动轴由若干根等长的长轴和上、下两根短轴组成，是井泵传递能量的部件。传动轴一般用中碳钢制造，为防止磨损与生锈，在其一端镀铬或镶不锈钢套。传动轴之间是采用联轴器连接的，联轴器内车有反向螺纹，以免转动时传动轴松动脱落。

传动轴在输水管中的位置由轴承支架上的橡胶轴承来控制，避免运转中发生过大的摆动与振动。

输水管与传动轴部分的结构如图 10-3 所示。

（三）泵座与动力机

井泵的泵座一般由铸铁制造，主要起承重与固定作用。泵座上设有进、出水法兰，用来连接输水管与出水管；还设有填料装置、油杯与预润水孔，满足井泵减漏、启动时管与传动轴润滑等要求。

泵座的上部用来安装电动机或者传动装置，为水泵提供能量。

动力机可用柴油机和电动机，常采用立式空心轴电动机。这种空心轴电机与井泵安装、连接方便，结构紧凑，操作简单，效率高。如选用卧式电动机或柴油机，可通过皮带传动或齿轮传动实现动力机与水泵的连接。

第二节　潜　水　泵

潜水泵是潜水电泵的简称，它把水泵与电动机组装成一个整体，泵机合一潜入水下工作，潜水泵可应用在各种场合，能适应不同的环境。与长轴井泵相比，潜水泵具有以下优点：

（1）安装简单，工作可靠，故障少。

（2）机械损失小，效率高。

（3）提水深度可加深，适应的井径可更小。

（4）运行噪声小，对周围环境影响小。

（5）不必建造泵房，可减少工程投资。

（6）操作容易，管理方便。

一、潜水泵的类型与结构

潜水泵的类型有多种，可采用不同的划分方法。

（一）根据电动机的结构特点分类

1. 干式潜水泵

干式潜水泵是在电动机的轴伸端采用机械密封或油密封等装置，以阻止水浸入电动机内，保持机腔内干燥。干式潜水泵结构简单，转子在空气中转动，摩擦损失小，电动机效率较高。图10-4为干式潜水泵的结构简图。

2. 半干式潜水泵

半干式潜水泵是在定子与转子之间增设一个非磁性（或无磁性）的封闭装置，把定子封闭，与水隔离，转子在水中运转。由于定子的封闭装置加大了气隙，电动机性能较差，目前使用不多。

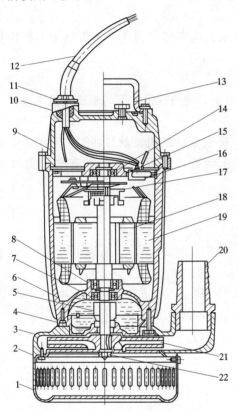

图10-4　干式潜水泵的结构

1—进水座；2—底盘；3—涡壳；4—密封盖；5—机械密封；6—机壳；7—密封圈；8—轴承；9—上盖；10—电缆套；11—电缆密封压盖；12—电缆；13—提手；14—轴承；15—轴承盖；16—热自动断流器；17—离心开关；18—转子；19—定子；20—出水口；21—叶轮；22—螺母

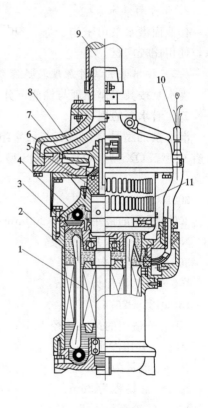

图10-5　充油式潜水泵的结构

1—电机转子；2—定子及绕组；3—轴承；4—呼吸器；5—密封；6—口环；7—叶轮；8—出口导叶；9—出水管；10—电缆；11—吸水滤网

3. 充油式潜水泵

充油式潜水泵是在电动机内腔内充满绝缘油，防止水和潮气进入，并起润滑和冷却作用。为防止绝缘油外漏和水的浸入，电动机轴伸端仍需采用严格密封。绝缘油粘性较大，转子转动时阻力较大，电动机效率较低。若密封失败，绝缘油外漏将污染水体，所以一般不用于供水泵站。充油式潜水泵结构组成如图 10-5 所示。

4. 湿式潜水泵

湿式潜水泵又称充水式潜水泵，它是将电动机内充满纯净的水，转子在水中运转；电动机的定子采用耐水的绝缘导线。湿式潜水泵不需严密防水，所以结构较简单，但轴伸端仍要设置密封，主要用于防止沙粒进入机腔内。

（二）按用途分类

1. 井用潜水泵

井用潜水泵用于从井中抽水，向农田、乡镇与工厂供水。水泵多采用立式多级泵，其结构组成与长轴井泵相似；电动机多采用湿式充油式电动机。

2. 作业面潜水泵

作业面潜水泵用于沟、塘、沟、湖及浅井取水，也可用于建筑、城市供水与矿山排水，使用比较广泛。

（三）按水泵的工作原理与性能分类

潜水泵按其工作原理与性能可分为离心式潜水泵、混流式潜水泵与轴流式潜水泵。

二、潜水泵的型号

潜水泵的型号是用拼音与数字组成，以表示潜水泵的结构特点与性能。常用的潜水泵有 Q 型、QX 型、QY 型、QS 型、NJ 型与 QJ 型等，下面举例说明潜水泵型号的意义。

200NQ36—100

200——适用的最小井径为 200mm；

NQ——农用深井潜水泵；

36——流量为 36m³/h；

100——总扬程为 100m。

150QJ20—26/4

150——适用的最小井径 150mm；

QJ——井用潜水泵；

20——流量为 20m³/h；

26——总扬程为 26m；

4——叶轮级数 4 级。

第三节 水 轮 泵

水轮泵是把水泵与水轮机组成一个抽水机组，利用水流推动水轮机旋转，水轮机带动水泵抽水。

一、水轮泵的结构与特点

（一）水轮泵的特点

水轮泵有如下特点：

（1）不耗油、不耗电，节省能源，抽水成本低。

（2）结构简单，安装使用方便，投资少，管理费用低。

（3）运行可靠，且能综合利用。

凡能取得 1m 以上工作水头和大于 $0.1m^3/s$ 流量的地方，均可安装水轮泵，如山塘水库、拦河堵坝、溪流急滩、渠系跌水等处。水轮泵的缺点是不能充分利用流道的水量，一般抽水量仅为河流过水量的 $1/5 \sim 1/10$。

（二）水轮泵的结构

水轮泵由水轮机、水泵与传动装置三部分组成，如图 10-6 所示。

水泵部分由滤网、泵壳、叶轮、主轴与轴承等组成，水轮机部分由导水座、转轮、主轴与轴承组成，传动部分为主轴（或联轴器）。

水轮机的导水座由导叶和机座组成，起引导

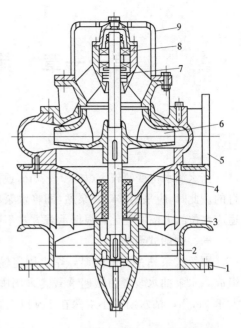

图 10-6　水轮泵构造图

1—导水座；2—转轮；3—导轴承；4—主轴；
5—泵体；6—叶轮；7—橡胶密封；
8—锥形滚柱轴承；9—滤网

水流与承重作用。导叶一般是固定的，大、中型水轮泵可采用活动导叶。转轮有轴流式与混流式，其结构组成与轴流泵、混流泵叶轮相似，使用较多的是轴流式转轮。水轮机的转轮与水泵的叶轮可装在同一主轴的两端，即同轴安装，也可装在两根轴上，两轴中间再采用传动装置联接，前者使用比较广泛。

二、水轮泵的型号

水轮泵的型号由两部分组成，前后两部分用横线隔开。前边部分表示水轮泵的水头范围、转轮型号及名义直径，后边部分表示水轮泵的水头比与使用特征。下面举例说明水轮泵型号的意义。

D40—6

D——表示低水头；

40——转轮名义直径为 40cm；

6——水头比为 6。

GH50—2.5S

G——表示高水头；

H——表示混流式转轮；

50——转轮名义直径 50cm；

2.5——水头比为 2.5；

S——表示动力输出型。

第十一章 其他形式泵站

第一节 移动式泵站

当水源水位变幅较大(如10~25m,或更大)时,采用固定式泵站是不经济的,甚至是不可行的。此时,应采用移动式泵站,即将水泵机组放置在可随水位上下移动的囤船或缆车上,以适应水位的大幅度变化。根据承载方式不同,移动式泵站有囤船式和缆车式两种。

一、囤船式泵站

囤船式泵站主要由囤船,岸上固定输水管、水泵出水管与固定输水管之间的联络管等组成,水泵抽水装置由囤船承载。采用囤船式泵站时,要求站址处水位的涨落速度一般不大于2m/h,枯水期最小水深在1m以上,如图11-1所示。

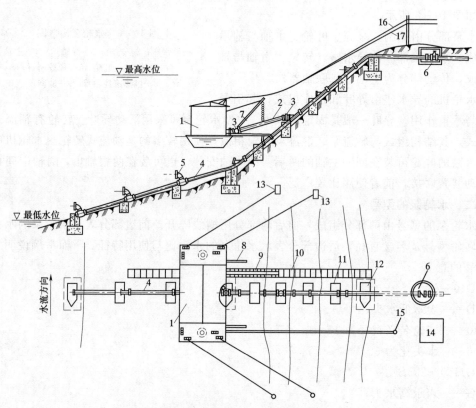

图 11-1 阶梯式囤船式泵站布置图

1—囤船;2—联络管;3—球形万向接头;4—输水管;5—叉管;6—闸门井;
7—吊杆;8—撑杆;9—跳板;10—台阶;11—操作平台;12—主墩;
13—系缆桩;14—变电房;15—电杆;16—电缆;17—电话线

囷船上设备布置要保证囷船的平衡与稳定，又要布置紧凑，便于操作管理。水泵机组布置在囷船甲板上，称上承式布置，水泵机组布置在囷船甲板下的船仓内，称下承式布置。船上的附属设备，如绞盘、系缆桩、缆绳的导轮等，都布置在囷船甲板的船首与船尾。

囷船式泵站的出水管道由岸坡固定输水管、叉管与联络管组成，其布置既要简单，又要拆装方便。

1. 联络管

联络管用以联接水泵出水管和固定输水管，其形式与结构应满足囷船的水平移动、上下移动与左右摆动等要求。

（1）橡胶软管。岸坡固定输水管上设有阶梯式进水叉管时，可采用橡胶软管联络管。橡胶软管两端采用法兰连接，管径一般小于 350mm，橡胶软管的特点是结构简单，能适应囷船各种方向的移动与摆动，但使用年限较短。

（2）带球形万向接头的钢联络管。钢联络管两端带球形万向接头，接头转动灵活，但比较笨重，装拆接头不方便，管径不宜过大，一般在 350mm 以下。

（3）带套管接头的摇臂式钢联络管。钢联络管两端带有水平与垂直套管，囷船移动时，不需拆卸接头，管理方便，可适用各种管径。

2. 输水斜管与叉管

固定输水斜管沿河岸设置，可采用同一坡度，也可有转角。输水斜管一般采用钢管，接头一般采用法兰螺栓连接。

在水源的最高与最低水位之间，沿输水斜管埋设有若干个进水叉管。叉管的位置要合适，可根据输水管的坡度与水位的涨落速度来确定。输水管的坡度较缓，水源水位涨落速度较慢的泵站，两叉管之间的垂直距离应小一些；反之，两叉管之间的垂直距离应大一些。

二、缆车式泵站

缆车式泵站主要由泵车、坡道、绞车房、牵引设备、活动水管与固定输水管等组成，水泵抽水装置由泵车承载，泵车沿坡道上下移动。采用缆车式泵站时，要求水源水位的涨落速度一般不大于 2m/h，站址处岸坡的坡度在 $10°\sim30°$ 之间，单辆泵车的抽水量一般不大于 $1m^3/s$。图 11-2 为斜桥式坡道的缆车泵站布置图。

（一）泵车

泵车是用来安装水泵装置及必要的附属设备的，要求重量轻，强度与刚度大，稳定性好，并满足设备布置。

泵车常采用轻质材料制成，泵车内的设备尽可能要少，并对称低位布置，降低重心位置，以增加泵车的稳定性。

（二）管道

管道包括吸水管、输水斜管、联络管与叉管，均应正确设计，合理布置。吸水管可直接布置在泵车后面，也可以布置在泵车后面的悬臂托架上，保证其进口有足够的淹没深度，输水斜管可布置一根，也可以布置两根；可明设，也可以暗设，还可以悬空设。联络管根据情况可采用不同形式，其要求与囷船式泵站的联络管相似。叉管的位置与高差，也

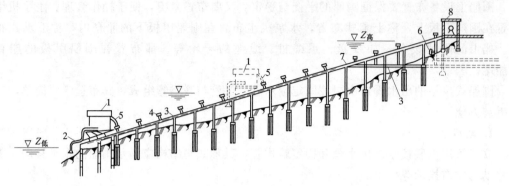

图 11-2　斜桥式坡道

1—泵车；2—吸水管；3—输水管；4—叉管；5—橡胶联络管；
6—高水位自流进水口；7—斜桥；8—绞车房

基本与囤船式泵站的要求相似。

第二节　井　泵　站

安装长轴井泵或井用潜水泵等泵型，从井中抽取地下水的泵站称为井泵站。井泵站主要由井、井泵、泵房、出水管道、出水池或水塔等组成。井泵、出水管道与出水池的有关内容，前面章节已有简介，这里不再重述。

一、井的类型

井的分类方法较多，可以采用不同的划分标准对井进行分类。

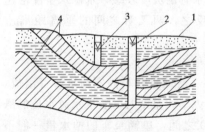

图 11-3　浅井和深井示意图

1—地表；2—深井；3—浅井；4—隔水层

1. 按取水深度划分

按取水深度不同，可以把井分两类，即浅井与深井，如图 11-3 所示。

（1）浅井。从地面以下到第一个隔水层（不透水层）之间的地下水称为潜水，抽取潜水的井可以称为潜水井。潜水的埋深较浅，通常把深度从几米到五六十米，只抽取潜水的井称为浅井。

浅井的静水位就是潜水位，受开采条件与补给条件的影响极大，水位变幅较大。雨量不足时，补给量少，水位下降，水量减少；反之，水位上升，水量增多。

（2）深井。深井一般指穿过不透水层，从两个隔水层之间的含水层取水的井。这种井的深度较深，一般从几十米到几百米，甚至上千米，所以称为深井。两隔层之间的水承受一定的静水压力，上部隔层打穿以后，井中水位会上升一定的高度，所以又把它称为承压井。承压井补给范围大，井的水位和出水量比较稳定。

2. 按构造划分

按井的构造不同，可以把井分为三类，即筒井、管井与筒管井。

（1）筒井。筒井深度较小，一般在 60m 以内，而直径比较大，一般在 500mm 以上，

122

所以又称大口井。筒井适用于潜水比较丰富的地区。

（2）管井。管井直径较小，多在 200～400mm，深度常在 60m 以上。

（3）筒管井。筒管井是筒井与管井的组合形式，上部口径大，下部口径小，主要用于筒井的加深。

3. 按井底的位置划分

按井底的坐落位置不同，可把井分为两类，即完整井与非完整井。

（1）完整井。井管穿越所利用的含水层，井底坐落在隔水层上，水全部从井壁进入井内，这种井称为完整井。完整井的井体坚固、稳定，出水量较大。

（2）非完整井。井管没有穿越整个含水层，井底没有坐落在隔水层上，水从井壁与井底进入井内，这种井称为非完整井。非完整井的井体不够坚固，稳定性较差，出水量也较小，所以应避免采用非完整井。

二、井泵房

井泵房的主要作用是保护井口与房内的机电设备，并为设备安装与检修创造有利条件。按平面形状划分，井泵房有圆形、方形与矩形三种；按构造形式划分，井泵房有地面式、半地下式与地下式三种。矩形地面式井泵房构造简单，通风采光较好，使用方便，所以是最常用的形式，如图 11-4 所示。

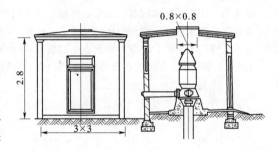

图 11-4　地面式井泵房（单位：m）

1. 井泵房的平面尺寸

井泵房内只安装一台机组，机组的附属设备也很少，所以井泵房的平面尺寸一般不大。平面尺寸的确定主要考虑设备布置、安装与检修、通风与采光、交通与安全等因素，兼顾出水管道与管道附件的安装、检修要求。

2. 井泵房的高度

井泵房的高度，要满足井泵机组的安装与检修、通风与采光等要求。地面式井泵房的高度是指从泵房内地板到房顶承重的构件下表面的垂直距离。泵房的高度由泵座的安装位置、泵座的尺寸、电动机的尺寸及电动机顶端到房顶的距离等来计算。一般要求电动机顶端到房顶的距离不小于 1.5m，泵房地面以上的高度不小于 3m。为降低井泵房的高度，一般在机组正上方的房顶开设天窗，安装与检修机组时利用三角吊架从天窗起吊设备。

参 考 文 献

1　陈汉勋．水泵与水泵站．郑州：黄河水利出版社，2001．
2　沙鲁生．水泵与水泵站．北京：水利电力出版社，1993．
3　栾鸿儒．水泵与水泵站．北京：水利电力出版社，1993．
4　王永盛．水泵与水泵站．北京：水利电力出版社，1993．
5　赵梦征，沙鲁生．抽水机与抽水站．北京：水利电力出版社，1985．
7　田会杰，杨爱华，常莲．水泵与水泵站．北京：中国建筑工业出版社，1994．
8　李文治．深井泵技术问答．北京：机械工业出版社，1991．
9　李世煌．潜水电泵的使用与维修．北京：机械工业出版社，1992．
10　泵站工程技术手册．北京：中国农业出版社，1998．
11　GB/T50265—97泵站工程设计规范．北京：中国计划出版社，1997．